JN246527

ロボットキットで学ぶ機械工学

はじめに

　私たちの身の周りには、「電車」「バス」「飛行機」「車」「プリンタ」「掃除機」「エアコン」「自転車」「扇風機」「おもちゃのロボット」など、さまざまな「機械」が溢れています。

　それらの「機械」を作るには、「機械工学」と呼ばれる学問を学ぶ必要があります。
　最近流行の「ホビー・ロボット」は、この「機械工学」の結晶です。
　小学生がロボット大会の出場を夢見ることもありますが、ロボットを作るには、「機械工学」の知識が必要不可欠で、ハードルが高くなっています。

＊

　そこで本書では、比較的単純な「二足歩行ロボット」を教材として使い、「機械工学」の基礎的な内容に触れることに主眼を置きました。

　筆者の経験から、本を読みながらでも、まず「ロボット」を実際に作り上げたほうが、「機械工学」についても多くのことを学べます。
　そのため、本書の「ロボット」を作り上げた後に、さらに「機械工学」の専門書を読むと、理解が深まると思います。

　本書は、「機械工学」のすべてを学ぶには程遠い内容ですが、簡単な「二足歩行ロボット」でも、ある程度の「機械工学」の知識がないと、理解できないことを体験してください。

　本書を、「機械工学のはじめの一歩」として利用してもらえれば光栄です。

馬場　政勝

ロボットキットで学ぶ

機械工学

CONTENTS

第1部

「機械工学」のキホン

機械を自在に作れるようになるには、専門書で説明されているような難解な、機械工学の知識が必要です。

ここでは難解な知識は省き、第2部で作るような「二足歩行ロボット」に必要な機械工学を解説します。

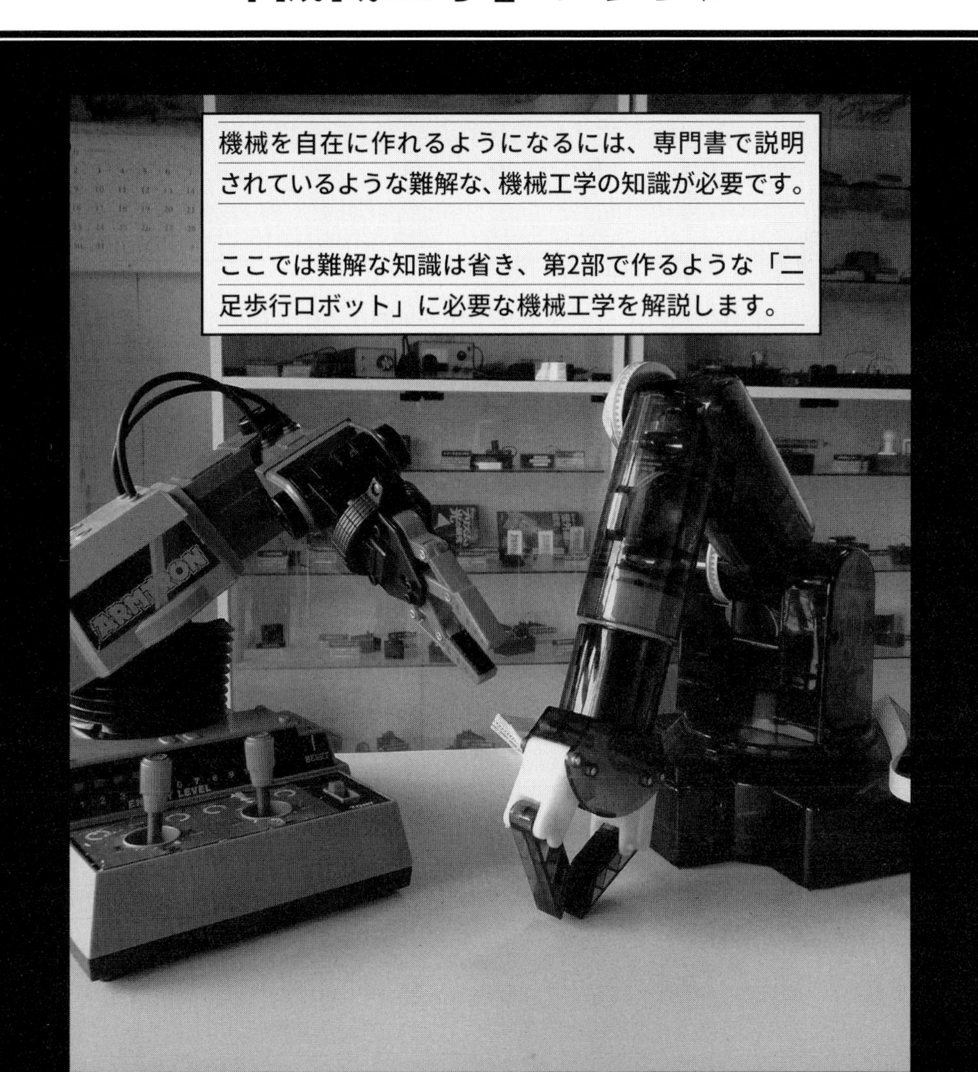

1-1 「機械工学」について

■「機械工学」の歴史

機械が未発達だった昔は、荷物を運ぶのは「人」や「動物」でした。
しかし、それでは労力や時間がとてもかかるので、簡単に運べないか考えた人々がいました。いまで言う、「エンジニア」です。

エンジニアたちが考え、それぞれの知識や技術を共有し、体系的にまとまったのが、「工学」です。
その中でも、「機械」について体系的にまとめられたものが、「機械工学」になります。

18世紀から19世紀に起こった「産業革命」は、「機械」や「蒸気」について盛んに研究され、機械工学がもっとも発達した時期です。
別の見方で見ると、「機械革命」と「蒸気革命」が合わさったのが、「産業革命」とも言えます。

■「機械工学」の書籍

現代の「機械工学」は、産業革命時の「機械工学」に、さらに現代の「電子工学」などの技術が取り入れられ、内容が複雑かつ高度になっています。
そのため、趣味で「ロボット」を作りたい方や、「機械工学」をはじめて学ぶ方にとって、とても敷居が高いものになっています。

「機械工学」の書籍を開くと、多くの項目が記載されていて、読むだけでも大変です。
もともと「工学」は、自己表現のために生まれた芸術とは違い、人に役立つために生まれてきたものです。

「機械工学」の書籍は、多くの方が役に立つものを体系的にまとめられているので、たとえば趣味で「ロボット」を作りたい方にとっては、不要な知識が多いのも事実でしょう。

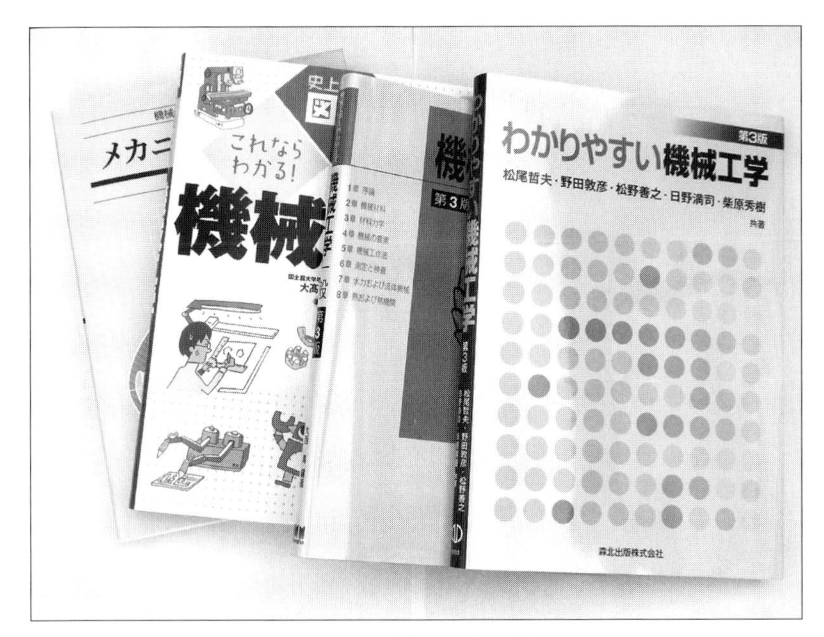

図1-1-1 「機械工学」の書籍

■「機械工学」の項目

一般的な「機械工学」の書籍は、次の項目が説明されていることが多いです。

---

①機械について
②機械材料
③材料力学
④機械要素
⑤加工について
⑥機械設計
⑦測定と検査
⑧熱力学
⑨流体力学
⑩機械の制御(メカトロニクス)

大まかに内容を記載すると、次のようになります。

①機械について

機械の「定義」や「構成」、機械を取り巻く「技術」などの内容が記載されていることが多いです。

読み物として読めば、充分でしょう。

②機械材料

機械を構成する「材料」(金属、非鉄金属、プラスチックなど)の性質が記載されています。

たとえば、「金属」の「鉄」を溶かして固めた際、ゆっくり冷やして固めた場合と、水などに入れて急に冷やして固めて場合は、同じ「鉄」でも違うもの(組織)になるなど、かなり専門的です。

書籍によってはかなり細かい内容が記載されていますが、趣味レベルでは必要ありません。

③材料力学

機械に力が加わった際にどのように動くか、などが、「計算式」を使って説明されています。

難解な計算式が出てきますが、現実世界では構造物が壊れないように設計する必要があるので、非常に重要な箇所です。

しかし、仕事でもない趣味の工作レベルであれば、「計算式」は必要なく、「機械にこの力が加わるとこのように影響する」といった程度の理解で問題ありません。

④機械要素

趣味レベルでも、必要な箇所です。

機械を構成する「部品」(「ねじ」「プーリー」「歯車」「リンク」「カム」など)について説明されています。

また、「計算式」を使って説明している書籍もあります。

「計算式」が出てくると難解になってしまうので、これは置いておき、機械を構成する「部品」の種類とその使い方を覚えてください。

実際の構造物には、「ラック・アンド・ピニオン」などいろいろな「部品」が使われていますが、趣味の工作で機械を作るには、一般的でない「部品」を手に入れることは困難なため、意外と種類は限られます。

⑤加工について

機械を作るには、材料を「加工」しなければいけないので、その「加工」について記載されています。

仕事では、「旋盤」「フライス盤」「ボール盤」などが必要になりますが、個人で工作機械を自宅に揃えられる方は、そう多くはいません。

個人レベルでは、工作機械よりも、「万力」「パイプカッタ」「リーマ」「のこぎり」など、工具が自由に使えるようになることが重要です。

残念ながら、工具の使い方は、機械工学の書籍では説明されていないので、独学で身につける必要があります。

⑥機械設計

「図面」の書き方を学びます。

「図面」は、設計から製造までいろいろな人が使うので、書き方の決まりごとがあります。

個人で機械を作る場合は、自分だけが分かればいいので、メモ程度でもかまいません。

⑦測定と検査

橋やビルなど、大きな構造物を作る場合、作った構造物が規定の「加重」や「振動」に耐えられるかどうか、「測定」や「検査」が必要になります。

しかし、趣味で機械を作る場合は、必要ありません。

⑧熱力学

機械を動かすエネルギーとして、「熱」(蒸気)があります。

この「熱」の特性について学びます。

趣味で使うエネルギーは、通常は「乾電池」なので、必要ありません。

⑨流体力学

機械を動かすエネルギーに、「流体」(気体や水)を使う場合があります。
この「流体」の特性について学びます。

この項目も、趣味では「乾電池」を使うので、必要ありません。

⑩機械の制御(メカトロニクス)

昔は、機械に複雑な動きをさせるために、エンジニアたちが知恵を絞って機械を作ってきました。
そして最近では、従来の機械に「電子回路」を組み合わせた方法(メカトロニクス)で、複雑な動きを実現しています。

現代の「ロボットアーム」(エレキット社)は、各関節に「モータ」を入れ、「電子回路」でモータの回転角度を制御しています。
一方、昔の「ロボットアーム」(トミー社)は、「モータ」は1つで、あとは機械だけで複雑な動きを実現させています(機械とはいえ、芸術品のように感じます)。

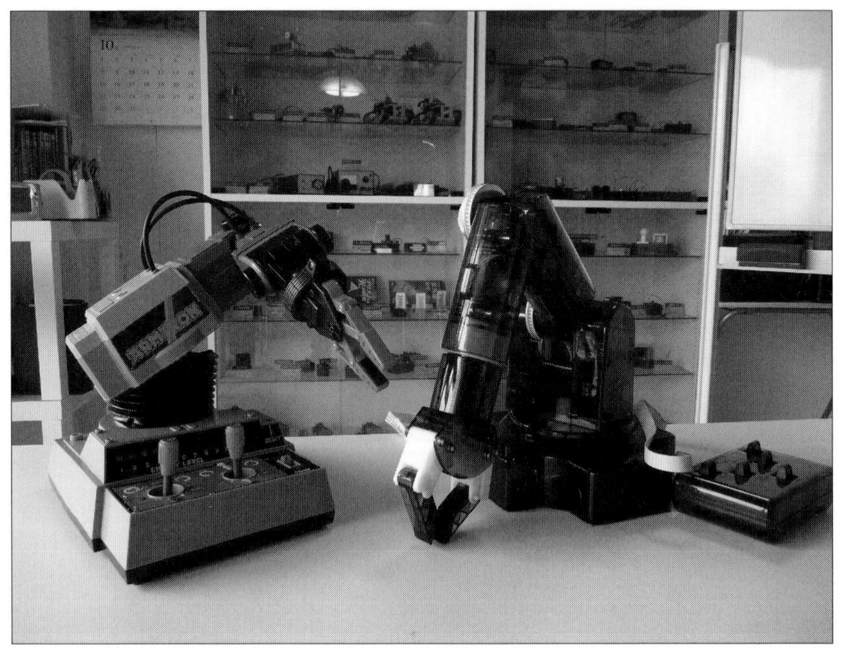

図1-1-2 ロボットアーム(左:トミー社、右:エレキット社)

趣味レベルでも、「ロボット製作」に代表されるように、「メカトロニクス」は身近なものになってきています。

ただ、「メカトロニクス」は、「機械工学」(メカニクス)と、「電子工学」(エレクトロニクス)が融合したものなので、非常に難しくなっています。
最近では、さらに「電子回路の制御」に、「情報技術」(プログラム)も必要になってきており、内容が高度化しています。

■本書で利用する「機械工学」

第2部で作る「二足歩行ロボット」で必要な項目は、「④機械要素」と「⑤加工について」と「⑥機械設計」です。

「①機械について」は、読み物なので特別勉強する必要ありません。

「②機械材料」は、タミヤのユニバーサル・プレート(プラスチック)を使うと、あらかじめ決めてあるので、材料を選別する知識は不要です。

「③材料力学」も、強度計算などは実際に作ってみて、材料がたわんだり、折れたりしなければ問題ないと判断するので、必要ありません。

「⑦測定と検査」は工作なので、必要ありません。

「⑧熱力学」は、「ガソリンエンジン」などを作る際に必要ですが、今回は作らないので、必要ありません。

「⑨流体力学」も、「水力発電設備」などを作るわけではないので、必要ありません。

なお、「⑩機械の制御」については、工作レベルでも盛んに行なわれています。
しかし、「機械工学に触れて見るという」本書の趣旨ではないので、説明しません。
他の書籍などで勉強してください。

1-2　機械設計

■アイデアの素

「機械工作」の流れは、「設計→材料加工→組み立て」が一般的です。

機械を作ったことがない人が、いきなり設計をすることは困難なため、通常は「プラモデル」のように、誰かが設計したものを組み立てることになります。

しかし、この場合、工作技量は上がるのですが、設計ができるようにはなりません。

設計ができるようになるために、「機械工学」を学ぶのですが、とても難解であることから、挫折してしまうのが一般的です。

*

ここで役立つのが、「他の人のアイデアを見る」ことです。

特に「機械工作」のアイデア出しで役立つのが、「おもちゃ」や「アーティストの作品」です。

具体的には、「タミヤの楽しい工作シリーズ」や「ゾイド(昔の電池式のもの)」「からくりおもちゃ」「ぜんまいで動くおもちゃ」のほか、オランダのアーティスト、テオ・ヤンセン氏の作品などが挙げられます。

「タミヤの楽しい工作シリーズ」(**図1-2-1**)は、カバーが無いので、動きを観察しやすいです。

「ゾイド」(**図1-2-2**)は「動く恐竜のおもちゃ」で、昔発売されていた電池式のタイプが、参考になります。

> ※現在の「ゾイド」はプラモデル要素が強く、見た目はいいのですが、動きがいまいちだったり、動かなかったりします。

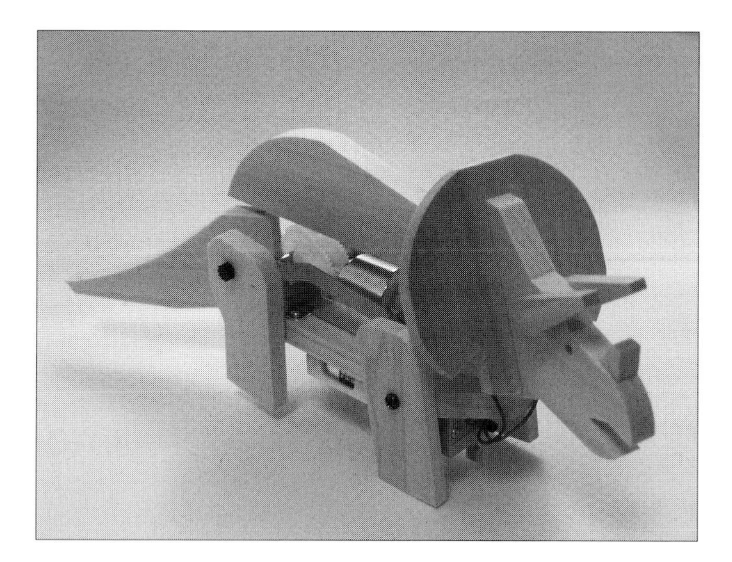

図1-2-1　タミヤの楽しい工作シリーズ

図1-2-2　ゾイド

「ぜんまいで動くおもちゃ」も、意外と複雑な機構が使われていることがあります。

図1-2-3　ぜんまいで動くおもちゃ

オランダのアーティスト、テオ・ヤンセン氏の作品は、学研の「大人の科学」の附録にもなっています。

実際に作り、動きを確認できます。

機械が有機的に動いており、初めて見たときは感動しました。

図1-2-4　「大人の科学」の附録にもなった、テオ・ヤンセン氏の作品

書籍などの情報では、昔発売さていた「タミヤの楽しい工作シリーズ応用集」や、「ユニバーサル・プレート」などの説明書に記載されている使い方が、参考になります。

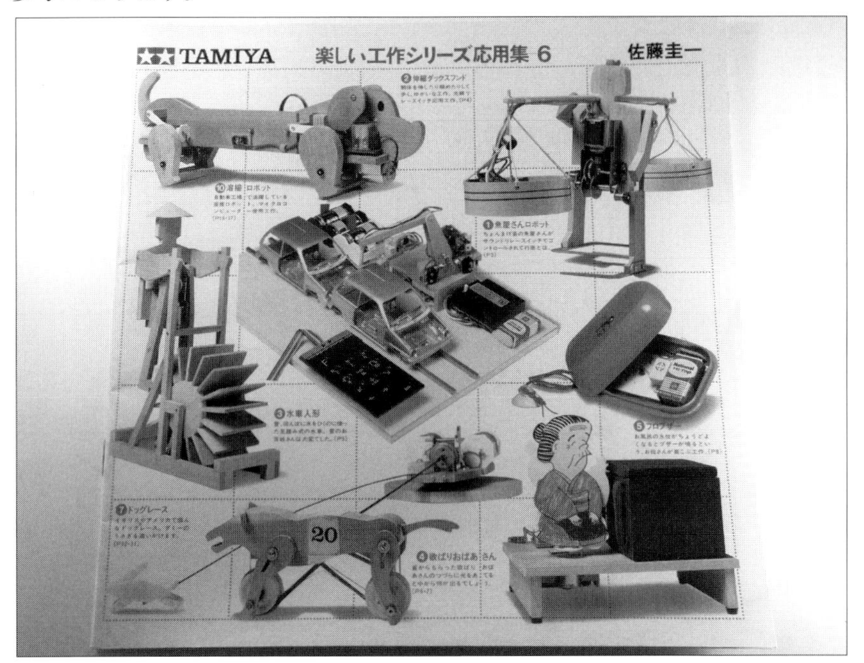

図1-2-5　タミヤの楽しい工作シリーズ応用集

＊

実際の作品や書籍を眺めていると、創作意欲が沸き、アイデアが生まれてきます。

オリジナルのアイデアがでない場合は、とりあえず、なにかの機械を同じように作ってみるだけでも、「機械工学」の勉強になります。

機械は三次元なので、予想以上に大変なことも理解できるでしょう。

■アイデア・スケッチ

「機械設計」では、図面を書く際、「線の太さ」や「投影図」など、非常に細かい規定があります。

しかし、趣味で図面を書くぶんには、そのような規定は必要ありません。

極端な話、チラシの裏を使って書いた「アイデア・スケッチ」でも、立派な図面になります。

体裁はどのようなものでもかまわないので、図面だけは作るように心掛けましょう。

図面を作らないと、次にやるべき作業や、必要な材料が分からず、再度同じものを作る際に、思い出すこともできなくなるためです。

また、作ったものをさらに発展させる、アイデアの素にもなるでしょう。

*

それでは、本書で作る「二足歩行ロボット」の「アイデア・スケッチ」を見てみましょう(図1-2-6)。

実はこれ、何かの裏紙で、しかもマクドナルドで待ち合わせしている最中に描いたものです。

ただ、ゼロの状態から、この「アイデア・スケッチ」がいきなり出来たわけではありません。

常日頃から、「機械の構造」についてホームページや書籍で調べたり、先に記載した「アイデアの素」を見たりして情報をインプットしておき、さらにこれを元にどのようなものを作るか、というアウトプットも考えていました。

ある程度考えて、考える項目が多くなり(たとえば、「足」ばかりでなく、「手」をつけたらどうなるだろうとか)、いったんまとめないと、分からなくなってきたため、この「アイデア・スケッチ」を描いた、というわけです。

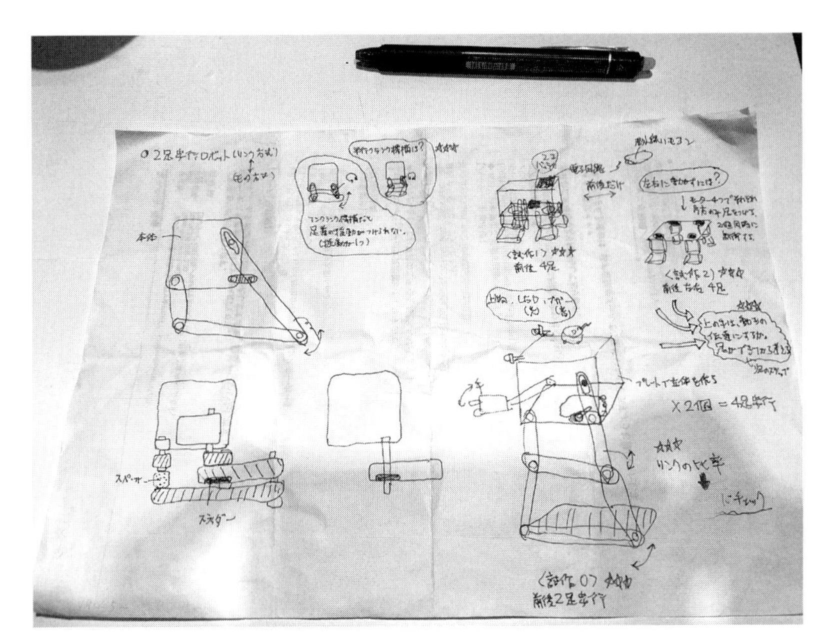

図1-2-6　「二足歩行ロボット」の図面（アイデア・スケッチ）

図面に落とすと、さらなる「アイデア・スケッチ」も出やすくなります。

Point!

「図面」（アイデア・スケッチ）を描くには、最初は「情報のインプット」が必要で、ある程度インプットしたら、次は「アウトプット」が必要。

■機械を作る上で必要なインプット

機械設計の図面（アイデア・スケッチ）を書く際、インプットしてからアウトプットするのは説明しました。

それでは、どういうインプットが必要なのでしょうか。

筆者は、インプットの中でも、「本体／動力／動く部分」「機械要素」「加工」を学ぶのがいいと考えています。

「機械要素」と「加工」は、一般的な機械工学の中に煩雑に出てきます。

しかし、「本体／動力／動く部分」は、機械工学には出てきません。
筆者独自の考え方なので、以降で説明します。

■本体／動力／動く部分

機械をよく見てみると、「本体／動力／動く部分」の3つの部分で出来ていることが分かります。

図1-2-7は、本書で作る「二足歩行ロボット」の全形です。
このロボットも、「本体／動力／動く部分」の3つで出来ていることが分かります。

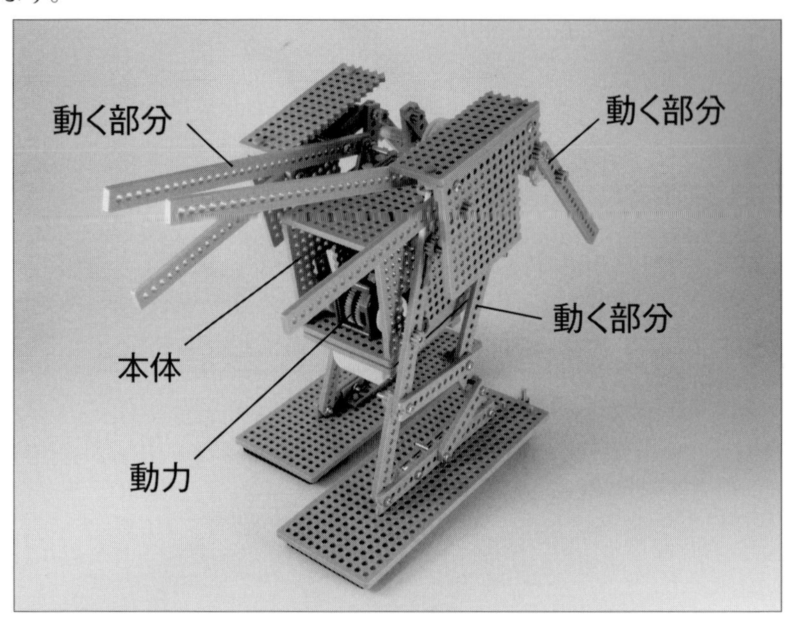

図1-2-7 「本体」「動力」「動く部分」の3つで出来ている

Point!
機械は、「本体」「動力」「動く部分」の3つの部分で出来ている。

■本体

「本体」は、「動力」や「動く部分」を支える部分で、一般的に言われる「構造材」です。

人に例えると「体」の部分で、すべての部品をしっかりと固定するために、きちんした材料で作る必要があります。

図1-2-8は、本書で作る「二足歩行ロボット」の製作途中の写真です。

動力の一部である「ギヤ・ボックス」が、「ユニバーサル・プレート」にネジでしっかり固定されていることが分かります。

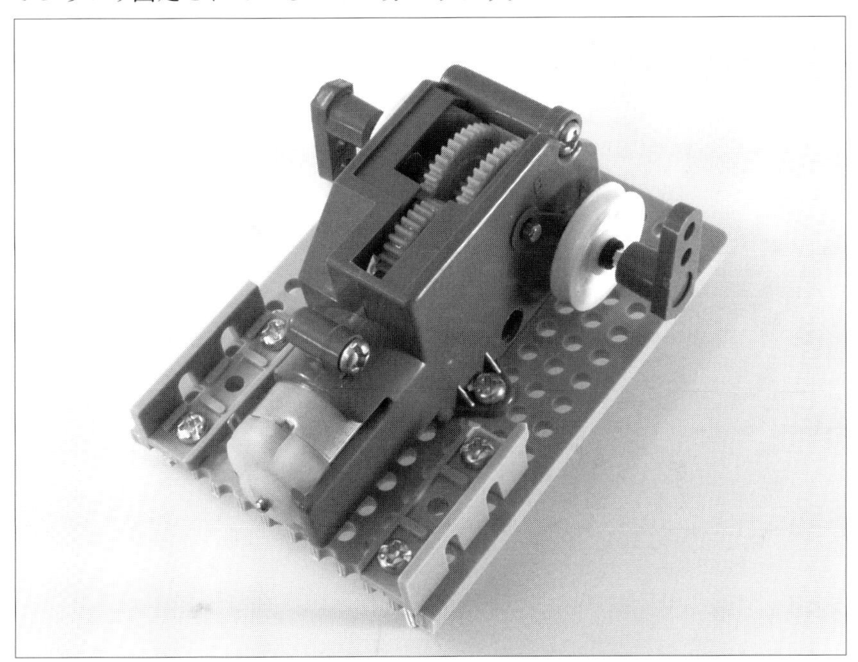

図1-2-8　動力の一部である「ギヤ・ボックス」も、しっかり本体に固定

また、**図1-2-9**は、「ユニバーサル・アーム」という長い部品が動くのですが、そのためには、しっかり固定されている部品が必要です。

この固定している部品が、**図1-2-10**の「クロス・ユニバーサル・アーム」(L字の部品)です。

「クロス・ユニバーサル・アーム」もネジ2本を使って、「ユニバーサル・プレート」にしっかり固定されているのが分かります。

図1-2-9　動く部分の一部も、しっかり本体に固定

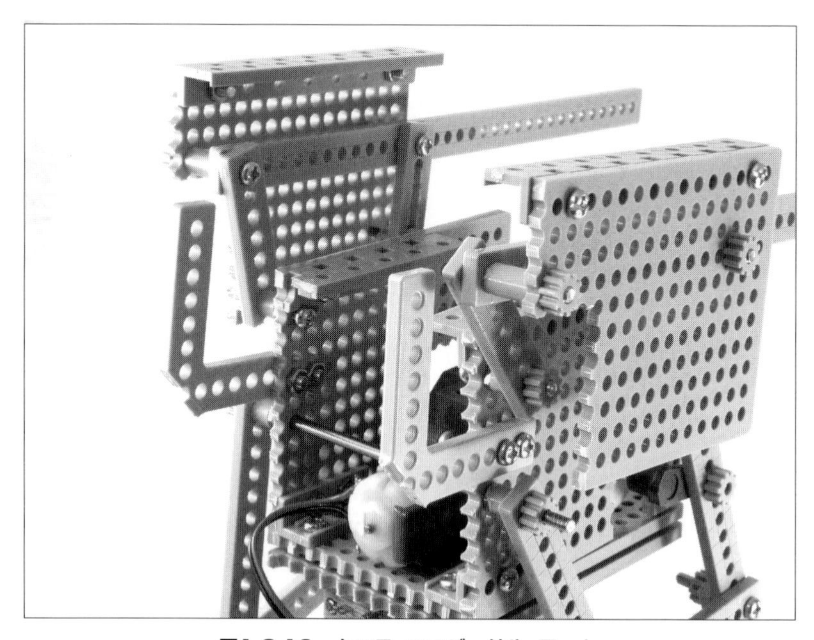

図1-2-10　クロス・ユニバーサル・アーム

■ 動力

「動力」は、「二足歩行ロボット」を動かすための部分です。

ここでは、**図1-2-11**の「モータ」「ギヤ」「電池」の部品すべて含んだものが「動力」になります。

図1-2-11　「二足歩行ロボット」の動力

通常、「動力」は大きくて重いため、「重心」を決める要素になります。

「二足歩行ロボット」のように足で立つ場合、「動力」の配置によっては、まったく歩かないばかりか転倒することもあるので、本体への固定場所はよく考える必要があります。

図1-2-12の例では、「動力」を体の中心に置き、高さも、高すぎず低すぎずな場所に配置しました。

「動力」が高すぎると「重心」も高くなり、転倒しやすくなります。

逆に低いと安定しますが、動く部分が高い位置にあると、「動力」が取り出しにくくなってしまいます。

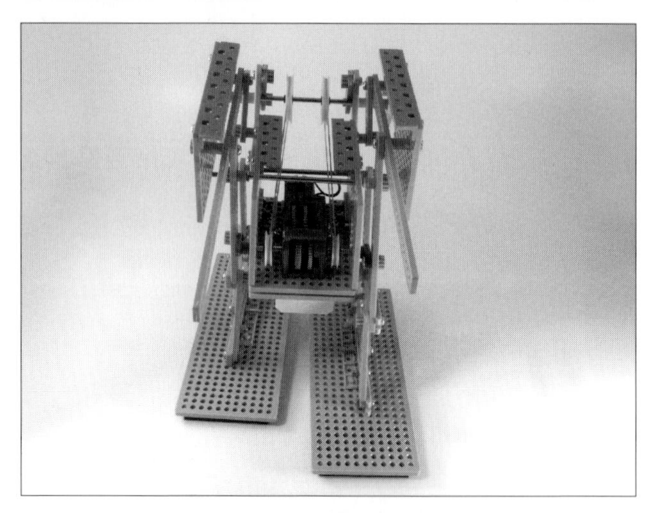

図1-2-12　「動力」の配置

「動力」から「動く部分」に動きを伝達しますが、「動く部分」は「動力」に近ければ近いほど、機械の構造が簡単になります。
そのため、通常は「動力」と「動く部分」は近くにあります。

本書の「二足歩行ロボット」も、「動力」に「クランク」と呼ばれる棒を取り付けて、「クランク」を動く部分の一部として利用しています。

図1-2-13　モータに直接「クランク」を取り付けて、動力を得る

さらに、「プーリー」と呼ばれる機械要素を使い、「動力」を遠い場所に伝達する方法も使っています。

「動力」の伝達方法は、**図1-2-14**のように、モータのシャフトに「プーリー」を取り付け、後方のシャフトにも「プーリー」を取り付けて、「ベルト」(ゴム)で動力を伝達しています。

「ベルト」(ゴム)のため、トルクは小さいです。

図1-2-14　「プーリー」を使って、「動力」を遠くに伝達

「ベルト」(ゴム)でなく、「チェーン」(鎖)を取り付ける方法もあります。

部品としては、タミヤから販売されている、「ラダーチェーン＆スプロケットセット」があります。

これは、「チェーン」で伝達するため、トルクは大きいですが、部品自身が大きいので使いにくいです。

図1-2-15　チェーンを使う、「ラダーチェーン＆スプロケットセット」

また、「ドライブ・シャフト」と呼ばれる部品（機械要素）もあります。

「プーリー」と同様に、遠い場所に動力を伝達することができ、実際に車などに使われています。

工作用でも、タミヤから「ドライブ・シャフト」が販売されています。

「プーリー」と比べ、「ベルト」（ゴム）でなく「シャフト」を使っているので、トルクが大きいです。

上手く使えば効果的な部品（機械要素）ですが、透明で「シャフト」が出ている部品を、**図1-2-16**のように本体の「ユニバーサル・プレート」などにしっかり固定しないといけません。

※本書の「二足歩行ロボット」でも「ドライブ・シャフト」を使いたかったのですが、スペースがないため使えませんでした。

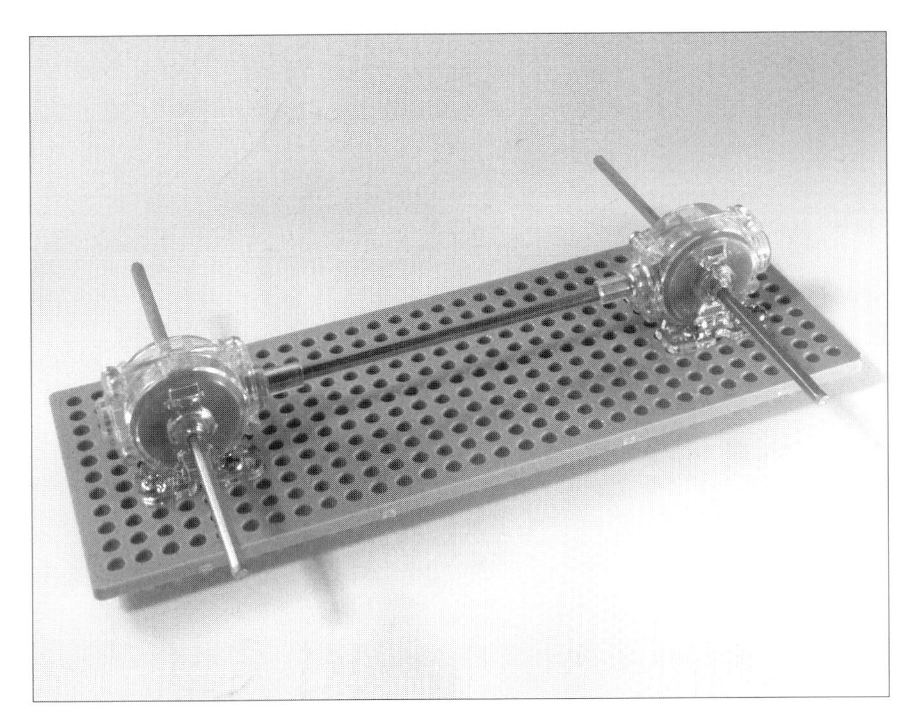

図1-2-16　ドライブ・シャフト

■ 動く部分

「動く部分」は、実際に機械が動く部分です。

本書の「二足歩行ロボット」では、「足」と「腕」にあたりますが、「自動車」だったら「タイヤ」、「フォークリフト」だったら「つめ」、「工作機械」だったら「刃」の部分のように、機械によって違います。

図1-2-17は、本書の「二足歩行ロボット」の動く部分ですが、「リンク機構」と呼ばれる機構で動いています(「リンク機構」については、後述します)。

図1-2-17 「二足歩行ロボット」の動く部分

機械の運動には、「揺動運動」「回転運動」「往復運動」の3つがあります。

身近にある機械を見てみると、この3つの組み合わせで出来ていることが分かるでしょう。

※「揺動運動」とは、左右に揺れる運動のことです。

つまり、「機械を作る」ということは、この3つの運動を作ることだとも言えます。

Point!

機械は、「揺動運動」「回転運動」「往復運動」の、3つの運動を作っている。

1-3 機械要素

「機械工学」に出てくる「機械要素」とは、「機械を構成する部品」のことです。
複雑な機械になればなるほど、部品数も増え、種類も増えていきます。

たとえば「自動車」に使われる部品は、「自動車特有の部品」から、「ネジ」や「ボルト」のように一般的に知られている部品まで、さまざまな種類で作られています。
特殊な部品もありますが、大多数は一般的に知られている部品で出来ています。
「機械工作」でもこの原則は同じで、一般的に手に入る部品、たとえば「ネジ」「ナット」「モータ」などを使い、工作していくことになります。

*

それでは機械工作に役立つ「機械要素」を見ていきましょう。

※以降で紹介する各製品の定価は、すべて「税別」の表記です。
　また、「型番」の表記がある製品は、タミヤのサイトからその「型番」で検索が可能です。

■ 本体に使える機械要素

●ユニバーサル・プレート

一般に構造材には、「金属」や「木」「コンクリート」などが使われていますが、機械工作では軽くて加工しやすい「プラスチック」がお勧めです。
タミヤから販売されている「ユニバーサル・プレート」は、直径3㎜の穴が、5㎜間隔で開いている、ABS樹脂製(プラスチック)のプレートです。
軽くて加工しやすく、強度もあるため、「動力」や「動く部分」を固定する構造材として利用できます。

プレート同士は、「3㎜ビス(ねじ)」と「ナット」を使うと、簡単に留めることができます。

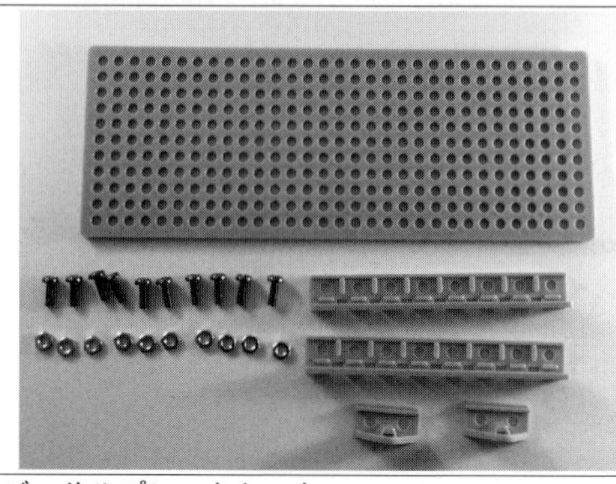

商品名	ユニバーサルプレートセット		
定　価	360円	型　番	70098

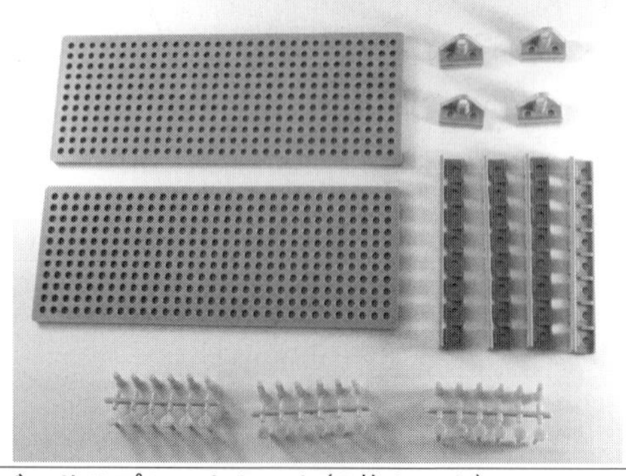

商品名	ユニバーサルプレートセット(2枚セット)		
定　価	600円	型　番	70157

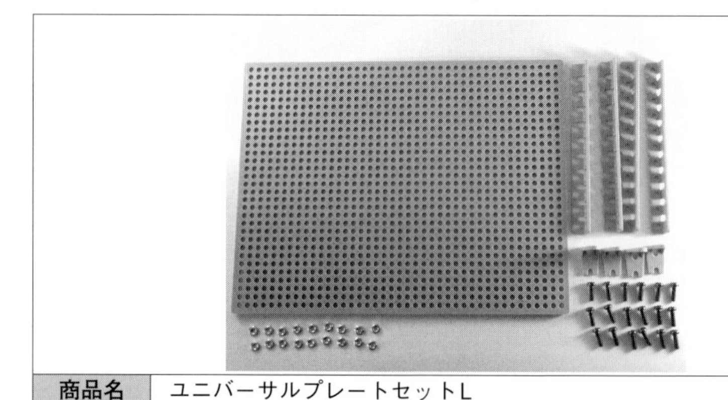

商品名	ユニバーサルプレートセットL		
定　価	660円	型　番	70172

●ユニバーサル金具

これもタミヤから販売されているものです。

金属なので、重量がかかる部分に使います。

自由な角度に曲げて利用できるため、「ユニバーサル・プレート」を任意の角度に固定することも可能です。

また、「ロボットの爪」に使えば、重量のあるものを掴(つか)むことも可能になります。

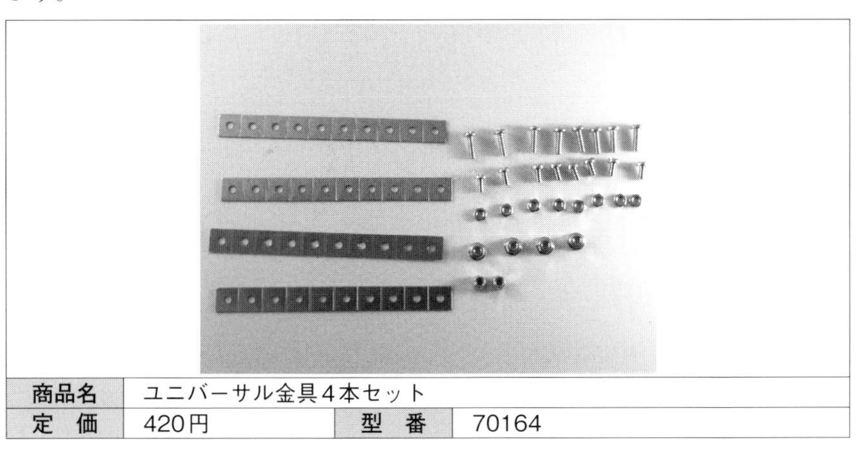

商品名	ユニバーサル金具４本セット		
定　価	420円	型　番	70164

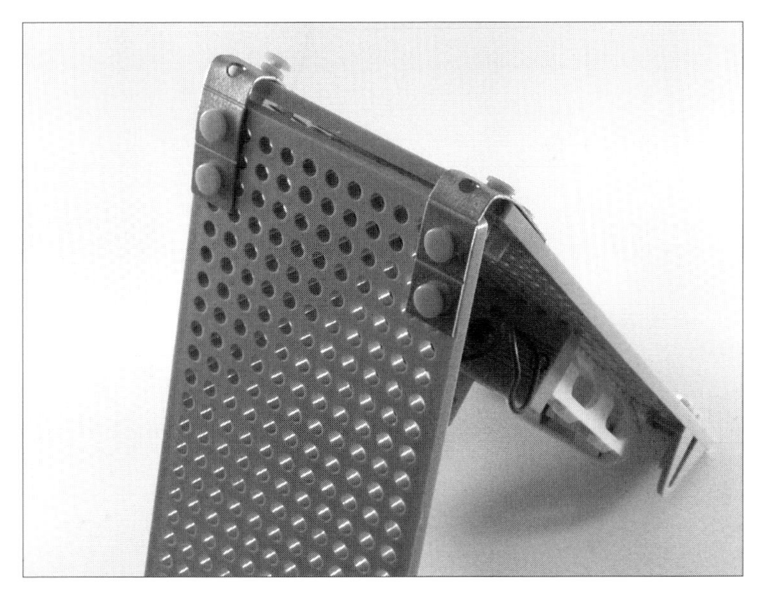

図1-3-1　「ユニバーサル・プレート」同士を好きな角度に固定

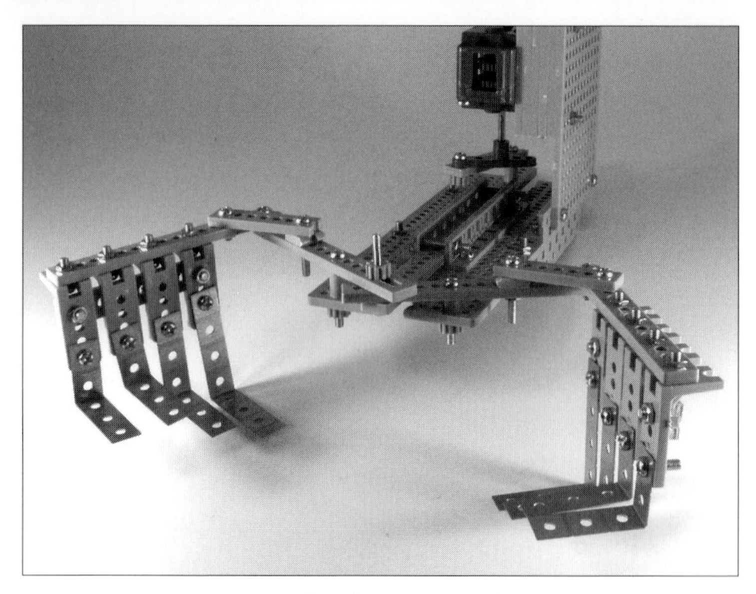

図1-3-2　「ロボットの爪」にも使える

●ユニバーサル・アームセット

タミヤの「ユニバーサル・アームセット」は、「支柱」や「リンク機構のリンク」として利用できます。

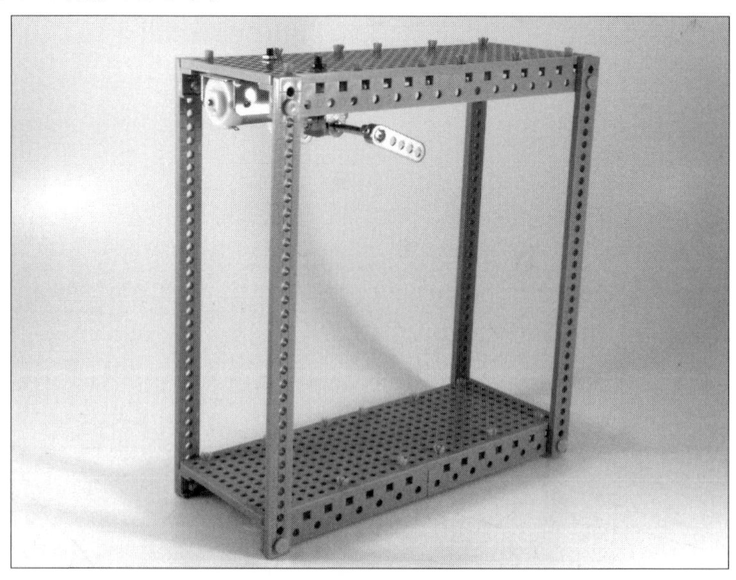

図1-3-3　「支柱」として利用した例

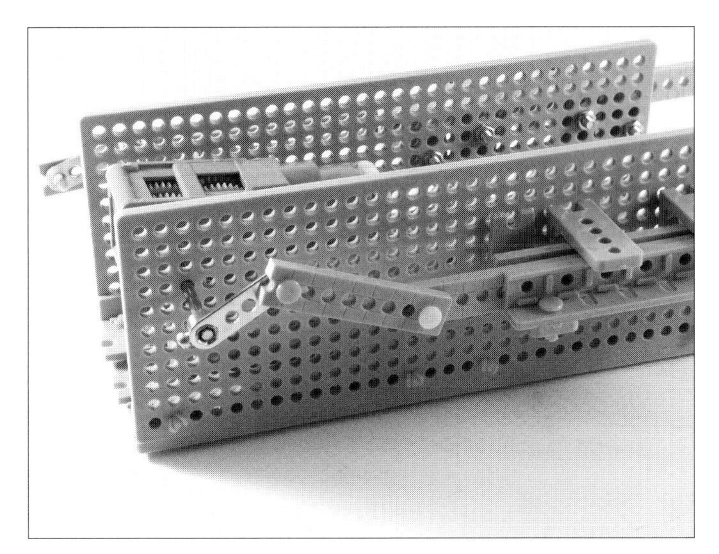

図1-3-4　「リンク」として利用した例

また、「ユニバーサル・プレート」などと直角に接続できるように、「L形アーム」が付属しています。

ニッパーがあれば、簡単に切断も可能です。

なお、以下で紹介している「クロス・ユニバーサル・アーム」は、あらかじめ直角に作られているため、「I形アーム」2本を直角につないだりするのに便利です。

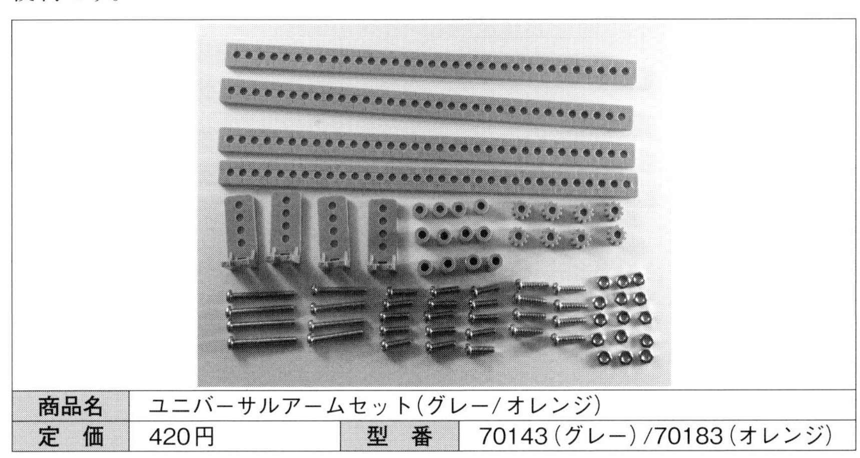

商品名	ユニバーサルアームセット(グレー/オレンジ)		
定　価	420円	型　番	70143(グレー)/70183(オレンジ)

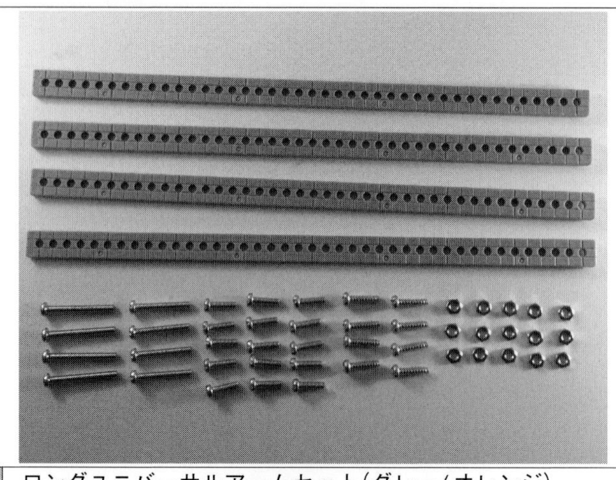

商品名	ロングユニバーサルアームセット(グレー/オレンジ)		
定　価	360円	型　番	70156(グレー)/70184(オレンジ)

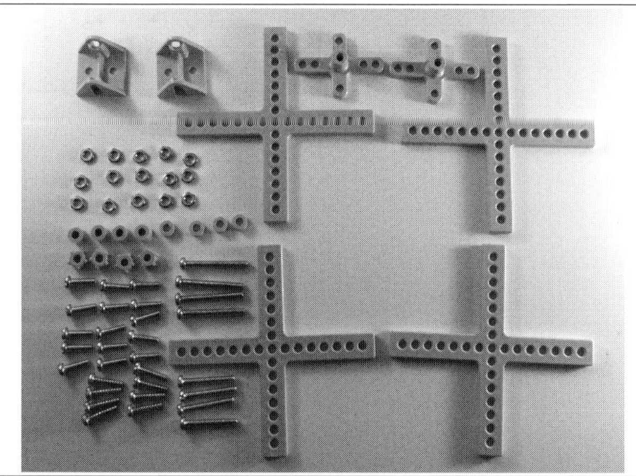

商品名	クロスユニバーサルアームセット		
定　価	460円	型　番	70212

●リベット

昔の電車などに使われていた部品です。

メスを「ユニバーサル・プレート」の穴に入れて、オスを差し込むことによって、「メス」が開いて留(と)める、という構造になっており、表側だけで留めることができます。

「ねじ」のような強度はありませんが、狭い場所などで、裏側にナットを取り付けられない場合に便利です。

タミヤの「リベット」は、「オレンジ」(8㎜)はプレートと軸受けなどの接続に、「黄色」(10㎜)はプレート同士の接続に利用できます。

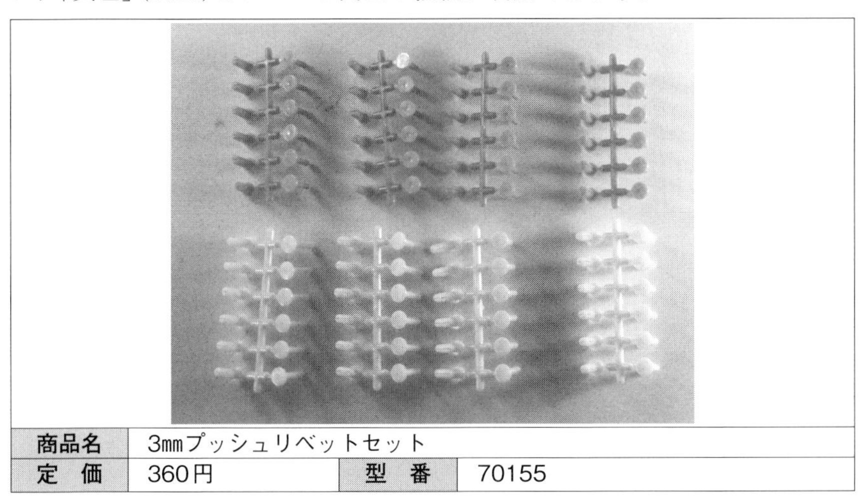

商品名	3㎜プッシュリベットセット		
定　価	360円	型　番	70155

●ねじ/ナット

機械工作では、「直径3㎜のねじ」を使うことが多いです。

「ねじ」の種類は、「なべ」や「皿」などの種類がありますが、使いやすい「なべ」がお勧めです。

商品名	3㎜ネジセット(60㎜、100㎜)		
定　価	360円	型　番	70180

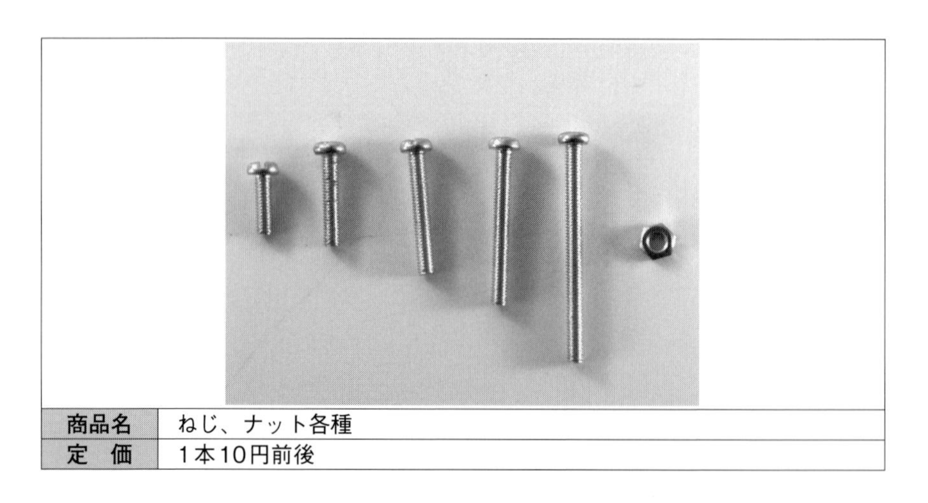

商品名	ねじ、ナット各種
定　価	1本10円前後

また、あまり使うことはないですが、「直径2mmのねじ」を使うこともあります。

「直径3mmのねじ」は、ホームセンターで購入することが可能ですが、「直径2mm」は取り扱っていないホームセンターも多いので、「ねじ専門店」などで購入することをお勧めします。

●その他

ホームセンターなどで入手できる材料も、本体に使うものとして利用できます。
ここでは、比較的に手に入れやすいものを紹介します。

商品名	プラ板
概　要	プラスチックの薄い板。 厚さは「0.5mm」「1mm」「2mm」と、いろいろあります。 接着には、プラモデルの接着剤を利用できます。 強度はあまりないので、「動力」を支えるには力不足ですが、「船」や「ロープウェイ」など、軽さが必要な工作に用います。

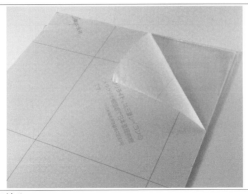

商品名	アクリル
概　要	透明で軽い素材。 「モータ」や「動く部分」を固定する本体として利用できます。 透明なので仕上がりが美しくなりますが、接着剤の利用が難しく、汚くなりやすいです。 また、穴あけやカットも上手に行なう必要があります。

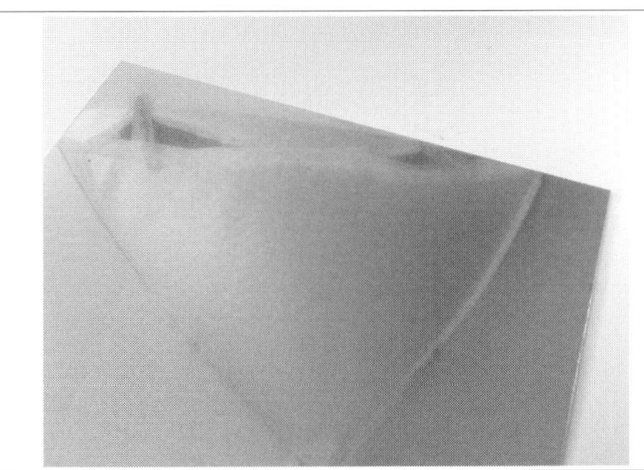

商品名	アルミ
概　要	金属独自の強さをもちながらも柔らかいので、加工しやすい特徴があります。 また、表面がキレイなため、出来上がりの完成度も高くなります。

商品名	鉄
概　要	非常に硬い素材。 工作で使う素材では、最高クラスの強度を誇ります。 しかしその反面、加工が非常に難しく、工作機械を使う必要があります。 また、入手性もあまり良くありません。

商品名	シナベニヤ
概　要	キレイな木肌が特徴の木材。 安価で、いろいろな厚み、大きさのものが販売されています。 「モータ」や「動く部分」を固定する本体として利用できるほか、「ユニバーサル・プレート」の代わりにも使えます。 しかし、接続に「木ネジ」や「釘」を使うので、作業性が悪いです。

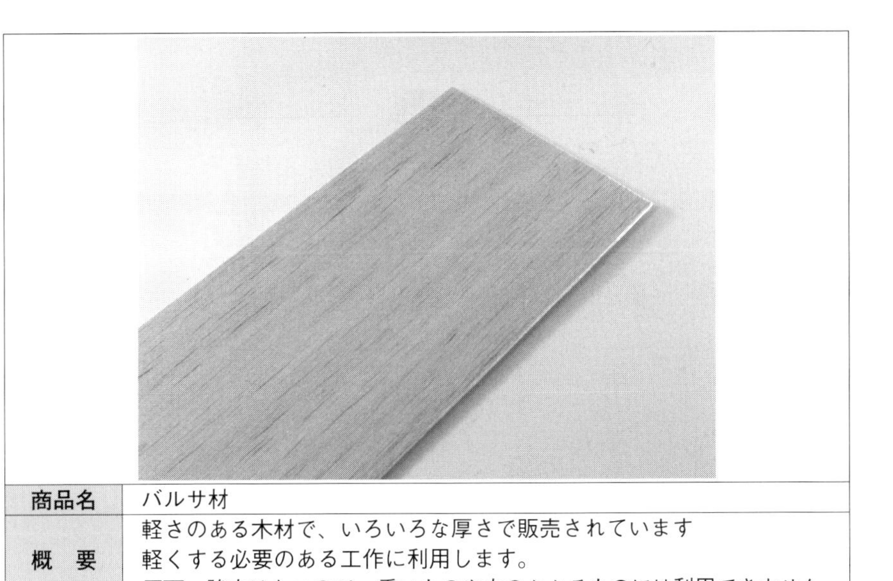

商品名	バルサ材
概　要	軽さのある木材で、いろいろな厚さで販売されています 軽くする必要のある工作に利用します。 反面、強度はないので、重いものや力のかかるものには利用できません。

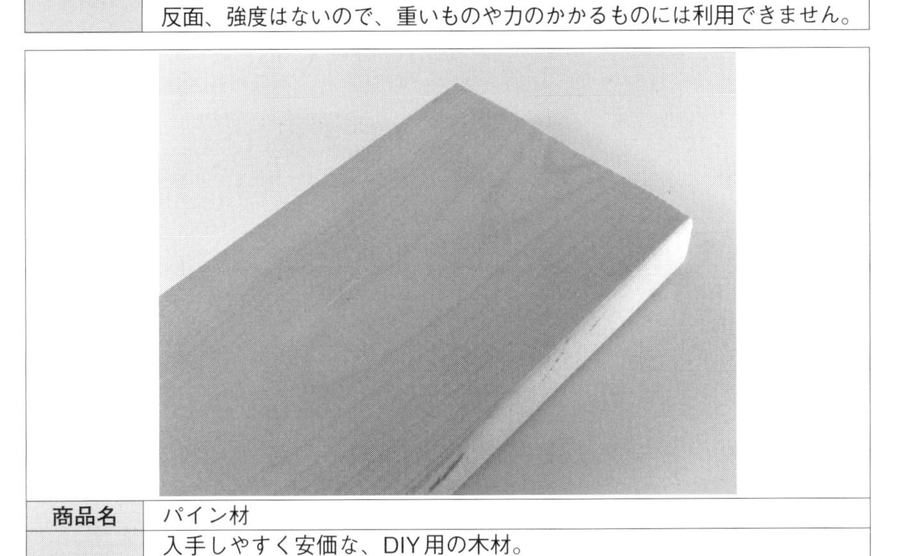

商品名	パイン材
概　要	入手しやすく安価な、DIY用の木材。 ログハウスやデッキなどに利用されており、木材でも強度が高いのが特徴です。 ただし、数mmという薄いものがないので、厚さが数cm以上必要な工作にしか使えず、用途が限られます。

■「動力」に使える機械要素

「動力」は、「ギヤ」と「モータ」がセットになった、タミヤの「ギヤ・ボックス」がお勧めです。

プラモデルのように組み立てるだけで、完成します。

回転速度もさまざまあり、用途に応じて選ぶことが可能です。

●モータが1つのタイプ(楽しい工作シリーズ)

商品名	4速クランクギヤーボックスセット		
定　価	660円	型　番	70110
ギヤ比	126：1 / 441：1 / 1543：1 / 5402：1		

商品名	3速クランクギヤーボックスセット		
定　価	660円	型　番	70093
ギヤ比	16.6：1 / 58.2:1 / 203.7:1		

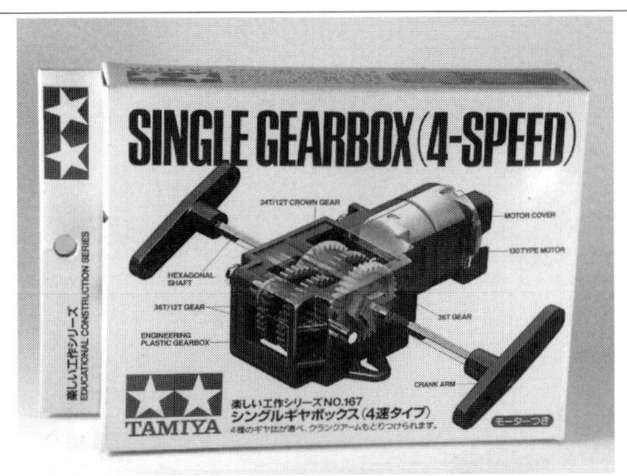

商品名	シングルギヤボックス(4速タイプ)		
定　価	660円	型　番	70167
ギヤ比	12.7：1 / 38.2:1 / 114.7:1 / 344.2:1		

商品名	ユニバーサルギヤーボックス		
定　価	660円	型　番	70103
ギヤ比	101：1 / 269:1 / 719:1		

この中で、特に「ユニバーサルギヤーボックス」は、シャフトの軸を上下の方向、左右方向に変えられるという特徴をもっています。

シャフトを上下方向に取り付けるか、左右方向に取り付けるかは、アイデアの段階では迷うことが多く、その場合、実際に作ってみると雰囲気が分かるので、「ユニバーサルギヤーボックス」が役立ちます。

一方、トルクはあまりないので、トルクが必要な工作には不適なのと、クランクが付いてないので、別途用意する必要がある点には注意してください。

●モータが2つのタイプ(テクニクラフト・シリーズ)

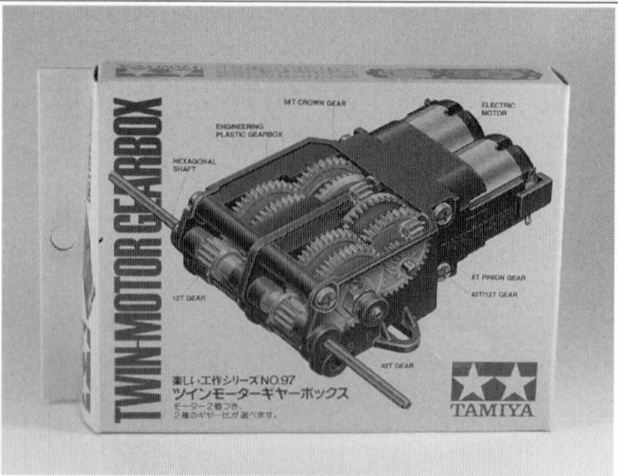

商品名	ツインモーターギヤーボックス		
定　価	840円	型　番	70097
ギヤ比	58.2：1 / 203.7:1		

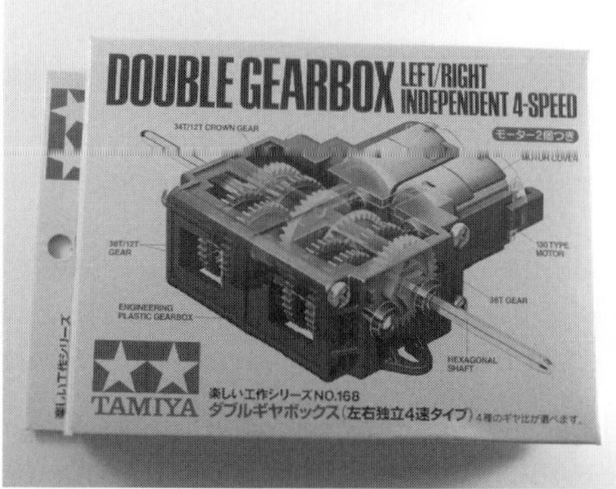

商品名	ダブルギヤボックス(左右独立4速タイプ)		
定　価	840円	型　番	70168
ギヤ比	12.7：1 / 38.2:1 / 114.7：1 / 344.2：1		

「ツインモーターギヤーボックス」と「ダブルギヤボックス(左右独立4速タイプ)」は、2つのモータが付いています。

左右のシャフトに「タイヤ」や「クローラ」を取り付けることで、「車」や「ブルドーザ」の足回りとして利用できます。

なお、走行部分の動力としてイメージしているのか、「クランク」が付いていません。

そのため、「ロボット」の足回りの動力として利用する際は、別途「クランク」を用意する必要があります。

●トルクがあるモータ

タミヤから発売されている、「テクニクラフト・シリーズ」のモータは、トルクが必要な工作に利用します。

「モータ・シャフト」の直径は、「4mm」です。

同じタミヤの「楽しい工作シリーズ」で利用されている、クランクやタイヤ(直径3mm用)などは使えないので、注意してください。

商品名	6速ギヤボックスHE		
定　価	1200円	型　番	72005
ギヤ比	11.6：1 / 29.8:1 / 76.5:1 / 196.7:1 / 505.9:1 / 1300.9:1		

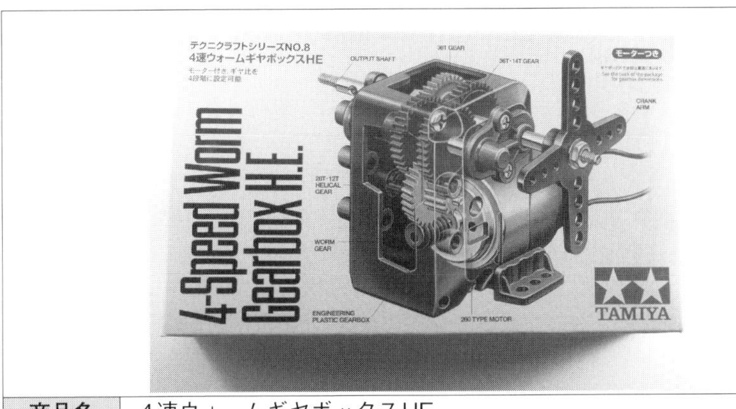

商品名	4速ウォームギヤボックスHE		
定　価	1100円	型　番	72008
ギヤ比	84：1 / 216:1 / 555.4:1 / 1428.2:1		

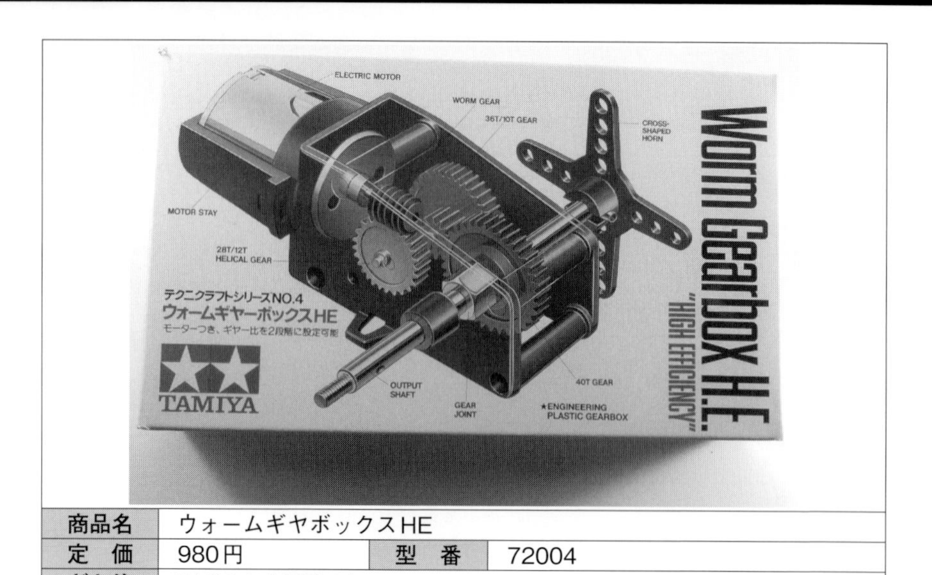

商品名	ウォームギヤボックスHE		
定　価	980円	型　番	72004
ギヤ比	216：1 / 336：1		

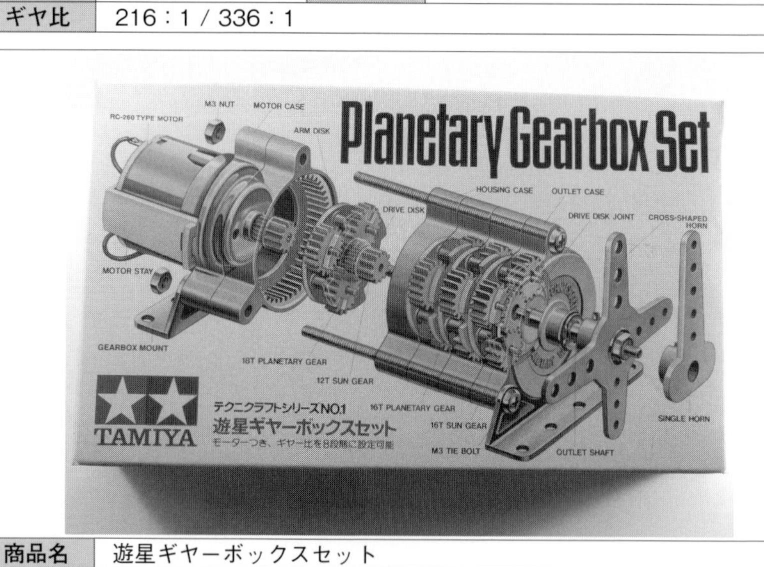

商品名	遊星ギヤーボックスセット		
定　価	1500円	型　番	72001
ギヤ比	4：1 / 5：1 / 16：1 / 20：1 / 25：1 / 80：1 / 100：1 / 400：1		
概　要	独特の歯車の構造で、モータの軸と同じ軸上に回転を伝達します。		

商品名	4速パワーギヤーボックスHE		
定　価	1100円	型　番	72007
ギヤ比	39.6：1 / 47.6：1 / 61.7：1 / 74.1：1		

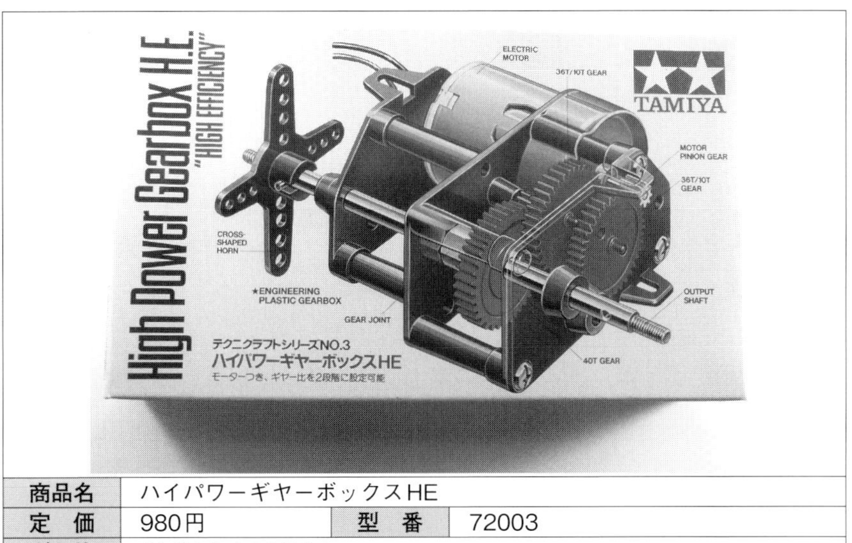

商品名	ハイパワーギヤーボックスHE		
定　価	980円	型　番	72003
ギヤ比	41.7：1 / 64.8：1		

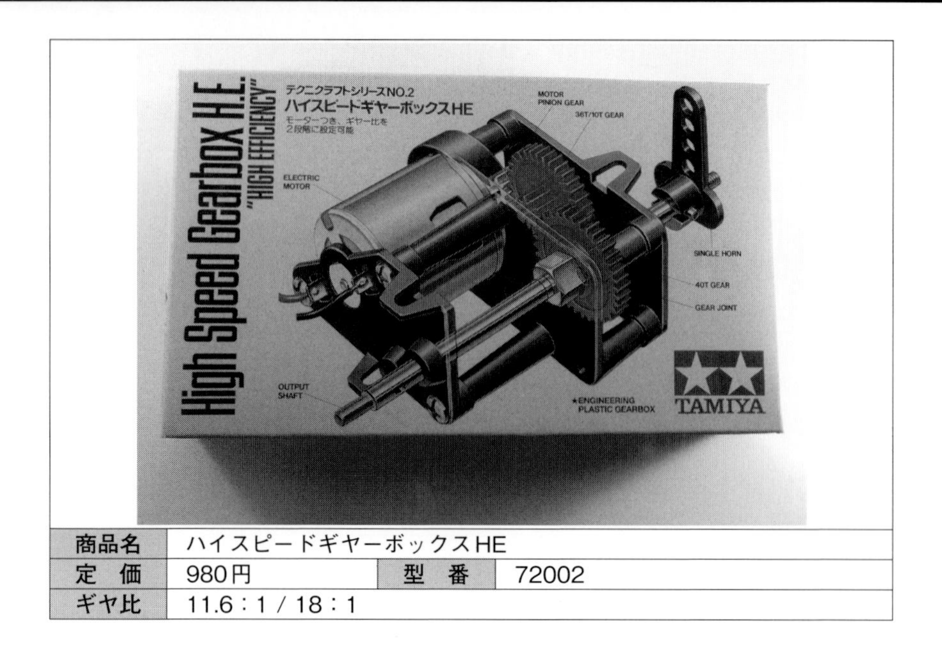

商品名	ハイスピードギヤーボックスHE		
定　価	980円	型　番	72002
ギヤ比	11.6：1／18：1		

タミヤから出ているモータを、トルク順に並べてみました。
選ぶ際の参考にしてください。

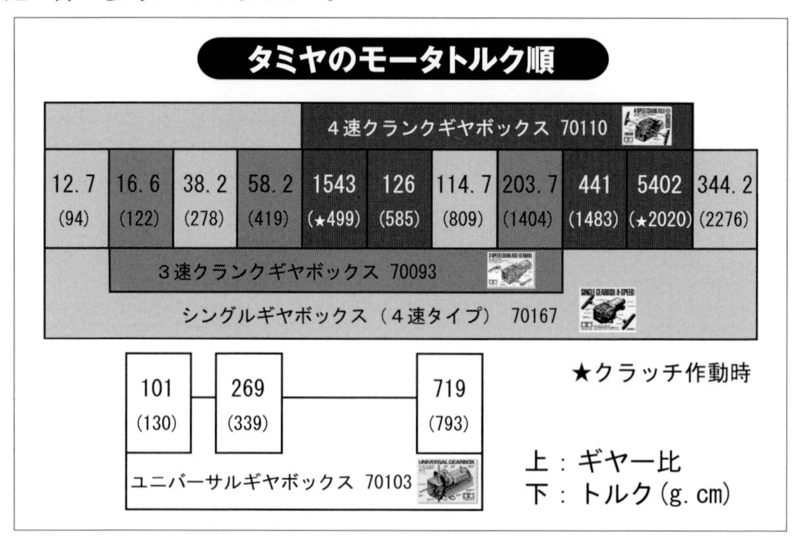

図1-3-5 「楽しい工作シリーズ」の場合

revolve：回転
1分間の回転数で、rpmとも表記される
⬇

	ITEM	（税抜） 定価	ギヤ比	(r/min) 回転	(mN・m) トルク	
6速ギヤボックスHE	72005	¥1200	196.7:1	51.3	235.4	◎
4速ウォームギヤボックスHE	72008	¥1100	1428.2:1	7	(226.07)	◎
			555.4:1	18	(226.07)	◎
ウォームギヤボックスHE	72004	¥980	336:1	30	203.2	◎
遊星ギヤーボックスHE	72001	¥1500	400:1		176.5	
4速パワーギヤボックスHE	72007	¥1100	74:1	136	85.88	
ハイパワーギヤボックスHE	72003	¥980	64.8:1	156	76.9	
ハイスピードギヤボックスHE	72002	¥980	18:1	561	22.9	

※　最大トルクで比較　ノーマル組立
※　1[mN・m]　≒　10．2[gf・cm]
※　（226.07）　はクラッチ作動時のトルク

図1-3-6　「テクニクラフト・シリーズ」の場合

●ミニモータ（楽しい工作シリーズ）

タミヤから発売されている、「ミニモータ」は、小さい工作をするときに利用できます。

トルクも小さいため、大型の工作には不向きです。

商品名	ミニモーター標準ギヤボックス（8速）		
定　価	860円	型　番	70188
ギヤ比	8.5:1 / 9.5:1 / 17.9:1 / 19.9:1 / 37.6:1 / 41.8:1 / 79.0:1 / 87.8:1		

商品名	ミニモーター低速ギヤボックス(4速)		
定　価	860円	型　番	70189
ギヤ比	71.4:1 / 149.9:1 / 314.9:1 / 661.2:1		

商品名	ミニモーター多段ギヤボックス(12速)		
定　価	860円	型　番	70190
ギヤ比	4.6:1 / 5.1:1 / 9.7:1 / 10.8:1 / 20.4:1 / 22.6:1 / 42.8:1 / 47.5:1 / 89.9:1 / 99.8:1 / 188.7:1 / 209.7:1		

●エコモータ(楽しい工作シリーズ)

低電圧、低電流で動作する「ギヤ・ボックス」です。

「乾電池」や「ソーラーパネル」で動作が可能で、消費電流が少ないので、長時間動かす工作に最適です。

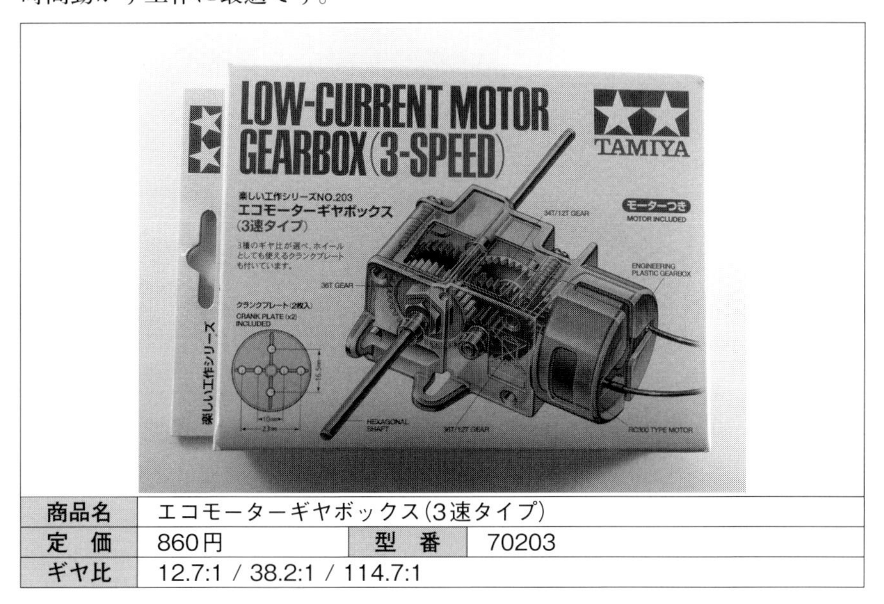

商品名	エコモーターギヤボックス(3速タイプ)		
定　価	860円	型　番	70203
ギヤ比	12.7:1 / 38.2:1 / 114.7:1		

■「動く部分」に使える機械要素

「動く部分」ですぐに思いつくのが、「タイヤ」です。

「タイヤ」をモータから出ているシャフトに取り付ける際、通常だと「ハブ」と呼ばれる部品が必要ですが、タミヤの「楽しい工作シリーズ」では、「六角シャフト」に差し込むだけなので、とても簡単です。

「テクニクラフト・シリーズ」は、「ハブ」を介して取り付けますが、付属しているので組み立てがとても簡単です。

タミヤ製でない「タイヤ」を取り付ける際は、「モータ・シャフト」との取り付けを考えてから、購入してください。

●「楽しい工作シリーズ」で使えるタイヤ（3㎜六角）

商品名	オフロードタイヤセット		
定　価	360円	型　番	70096

商品名	トラックタイヤセット		
定　価	360円	型　番	70101

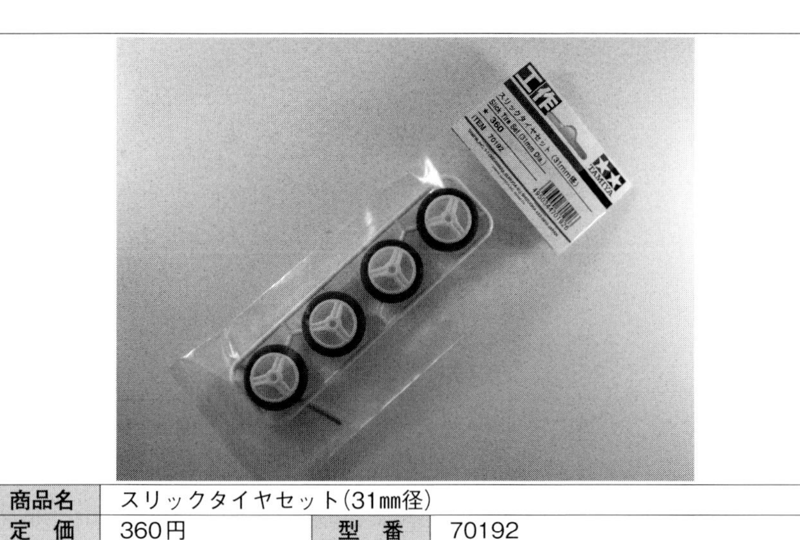

商品名	スリックタイヤセット(31㎜径)		
定　価	360円	型　番	70192

●「楽しい工作シリーズ」「テクニクラフト・シリーズ」で使えるタイヤ

「楽しい工作」「テクニクラフト」の、両シリーズに対応している商品です。

「楽しい工作シリーズ」では差し込むだけ、「テクニクラフト・シリーズ」ではハブを介して取り付けます。

商品名	ピンスパイクタイヤセット(65㎜径)		
定　価	600円	型　番	70194
概　要	タミヤ製品ではいちばん大きいタイヤで、ロボット工作などに利用できます。 タイヤを使わずに「ホイールハブ」だけ使えば、クランク機構として、動きを取り出せます。		

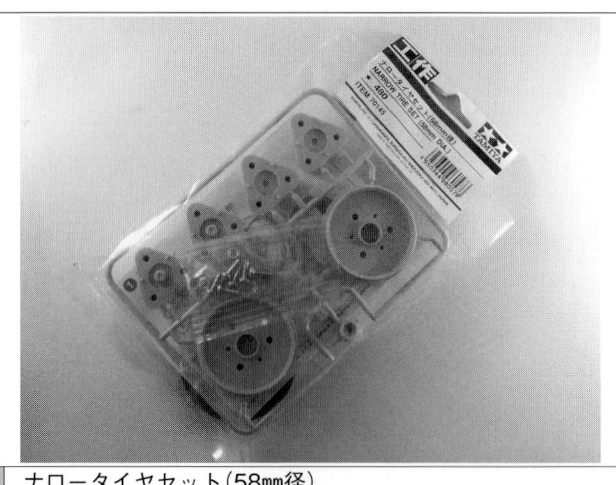

商品名	ナロータイヤセット(58㎜径)		
定　価	480円	型　番	70145
概　要	溝のないタイヤ。 「ソリッドタイプ」(ノーパンク・タイヤ)なので、ゴムだけで出来ています。 そのため、空気入りタイヤのように空気の量は関係なく、小型のタイヤでも、重いものが運べます。		

商品名	スポーツタイヤセット(56㎜径)		
定　価	540円	型　番	70111
概　要	タイヤを使わずに「ホイール・ハブ」だけ使えば、クランク機構として、動きを取り出せます。		

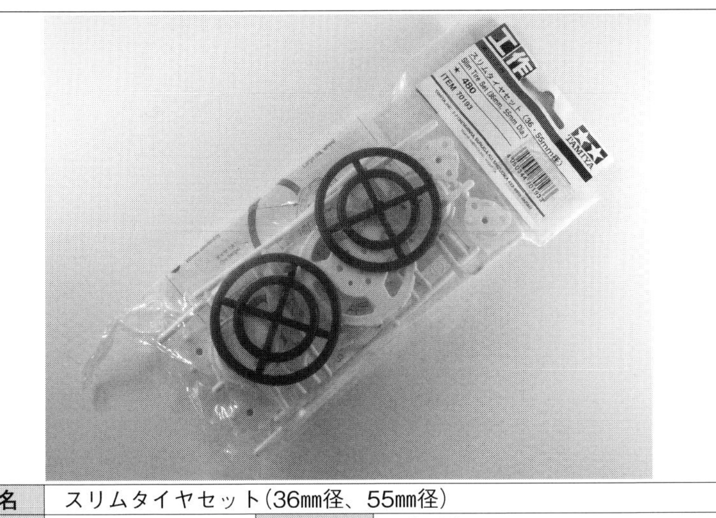

商品名	スリムタイヤセット（36㎜径、55㎜径）		
定　価	480円	型　番	70193
概　要	幅が小さいタイヤ。軽量の工作に利用します。		

●キャタピラ、チェーン、ボールキャスター

商品名	トラック＆ホイールセット		
定　価	600円	型　番	70100
概　要	「ブルトーザ」など、キャタピラを使った工作ができます。 内容物にある「スプロケットホイール大」は、「テクニクラフト・シリーズ」のギヤ・ボックスには対応していないので、注意してください。		

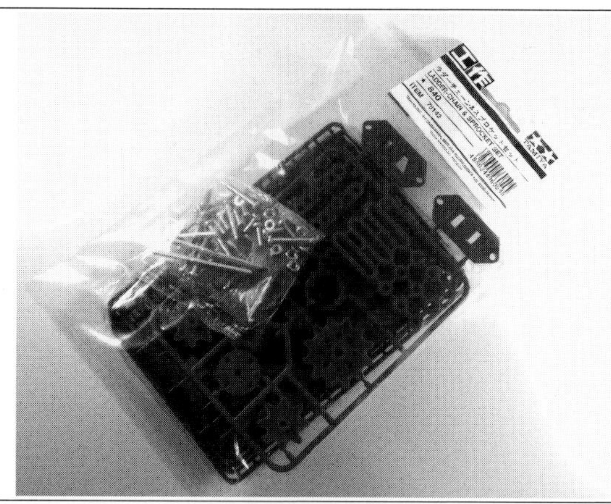

商品名	ラダーチェーン＆スプロケットセット		
定　価	840円（税別）	型　番	70142
概　要	スプロケットがチェーンの穴にがっちり食い込むので、外れにくいという特徴があります。 また、チェーンを固定し、スプロケットを動かせば、「ラック・アンド・ピニオン」の再現も可能です。 「ラダーチェーン」そのものの製作は、1つ1つつないでいくので、けっこう手間がかかります。		

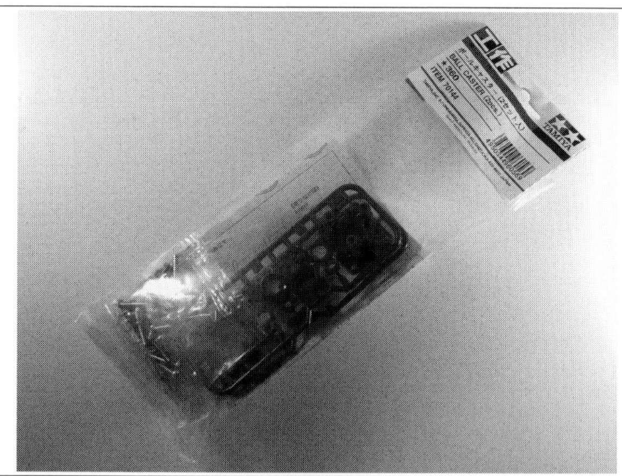

商品名	ボールキャスター（2セット入）		
定　価	360円	型　番	70144
概　要	「フォークリフト」の工作などに利用できます。 「ボールキャスター」の高さは、11㎜、16㎜、25㎜、27㎜、35㎜、37㎜の中から選べます。		

●プーリー

「プーリー」は動力を遠方に伝達したり、動力の回転方向を逆にしたりと、いろいろな使い方があります。

ただ、ベルト(ゴム)で伝達しているため、トルクがありません。

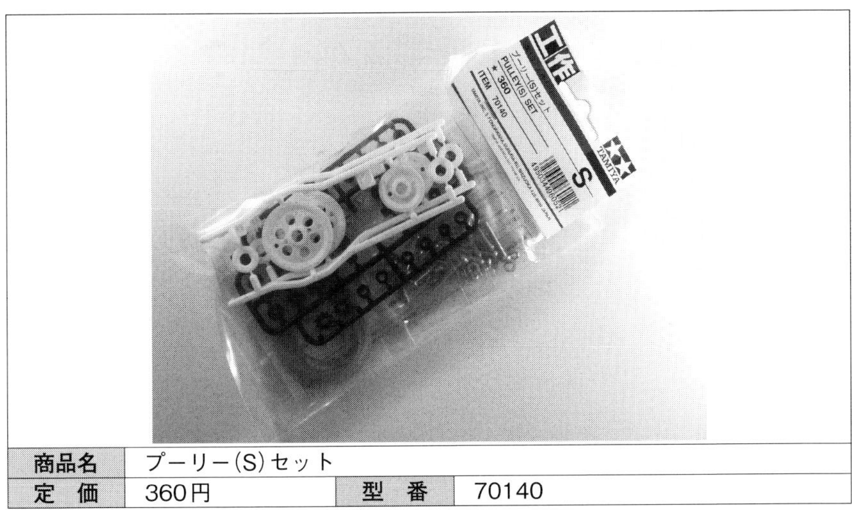

商品名	プーリー(S)セット		
定　価	360円	型　番	70140

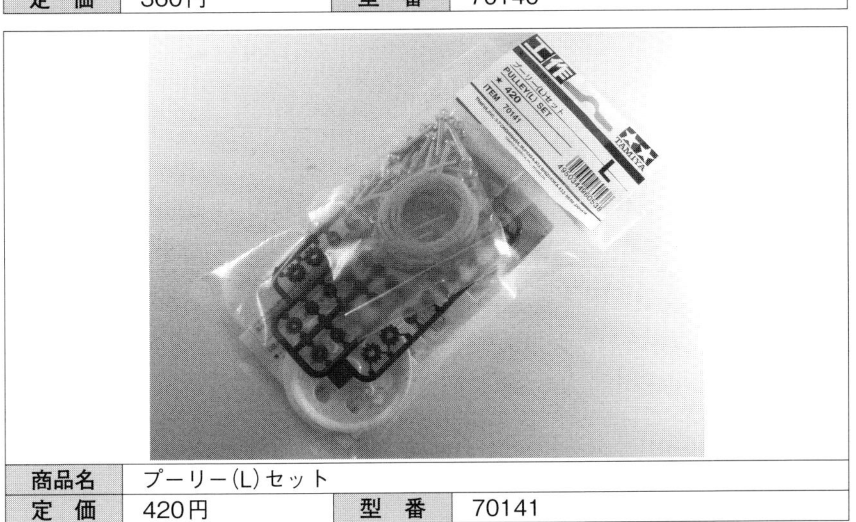

商品名	プーリー(L)セット		
定　価	420円	型　番	70141

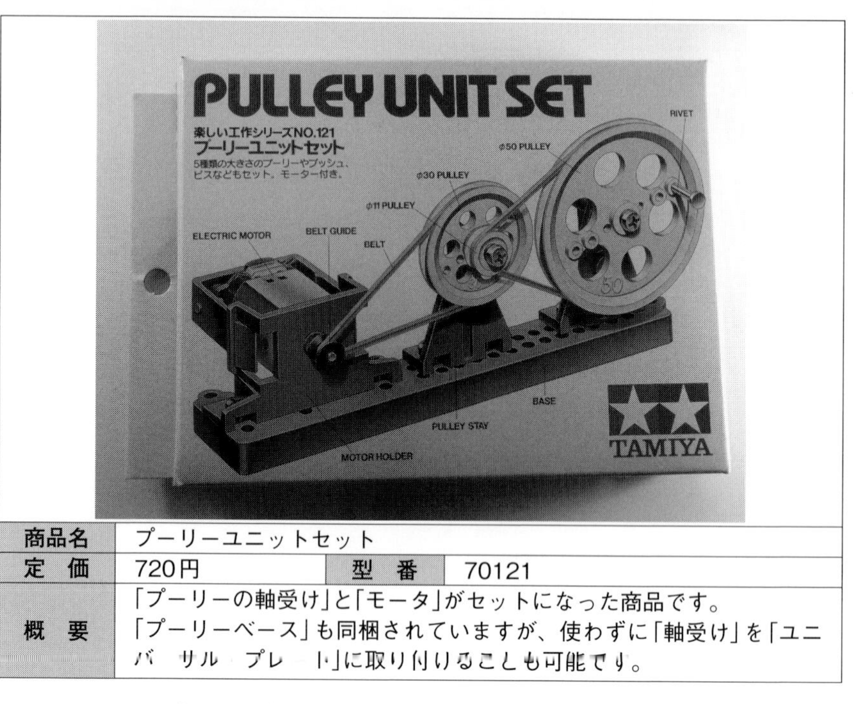

商品名	プーリーユニットセット		
定　価	720円	型　番	70121
概　要	「プーリーの軸受け」と「モータ」がセットになった商品です。「プーリーベース」も同梱されていますが、使わずに「軸受け」を「ユニバーサル　プレート」に取り付けることも可能です。		

タミヤからは上記の3製品が販売されていますが、それぞれに同梱されている「ブッシュ部品」は、共通で利用できます。

次の表は、ブッシュ部品一式の内容を示したもので、②は2個同封していることを意味し、④は4個同封していることを意味します。

表1-3-1　ブッシュ部品一式(ブッシュ部品の種類と使い方)

シャフトの種類	シャフトに空まわり	シャフトに固定
2mm丸シャフト	②2.1S、④2.1W	④1.9S、②1.9W
3mm丸シャフト	②3.1S、②3.1W	②2.9S、②2.9W
2mm六角シャフト	2.1S、2.1W	②2S、②2W
3mm六角シャフト	3.1S、3.1W	②3S、②3W

●シャフト、クランク

「シャフト」は、動力である「ギヤ・ボックス」の一部として利用することが多いですが、「シャフト」単体で使う場合もあります。

「クランク」は自由な動きを作る際、非常に重要なパーツで、「リンク機構」の一部として利用されます。

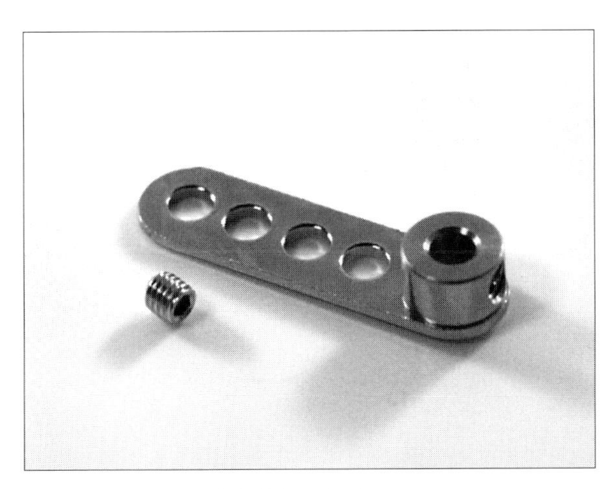

図1-3-7　クランク

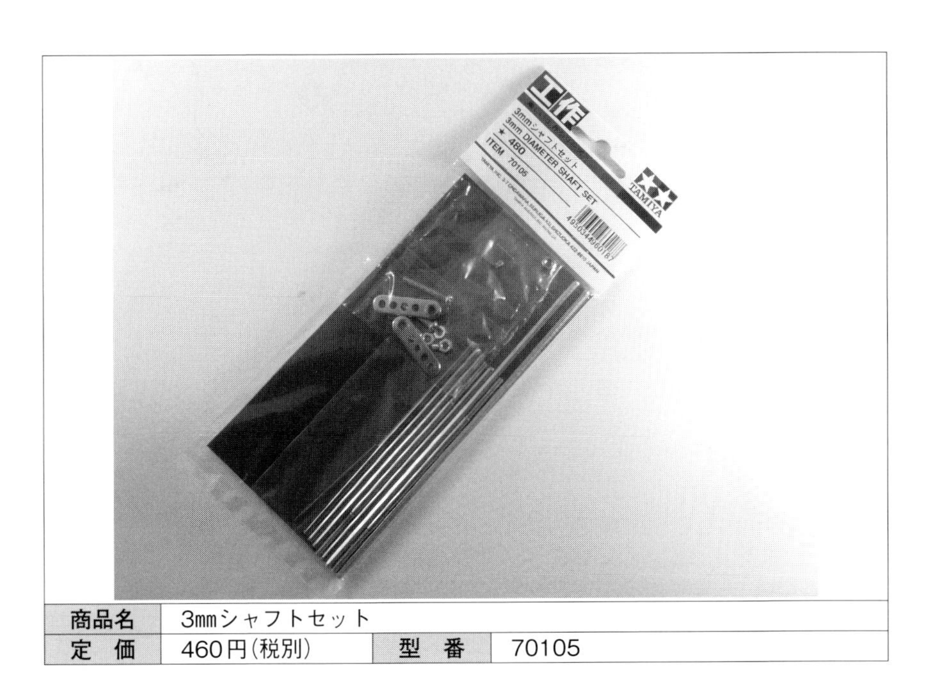

商品名	3㎜シャフトセット		
定　価	460円(税別)	型　番	70105

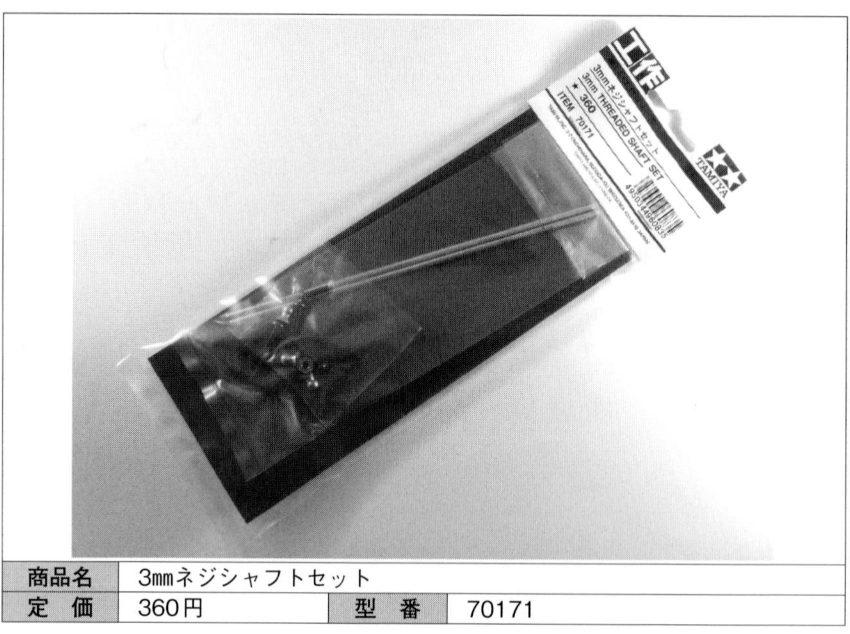

商品名	3㎜ネジシャフトセット		
定　価	360円	型　番	70171

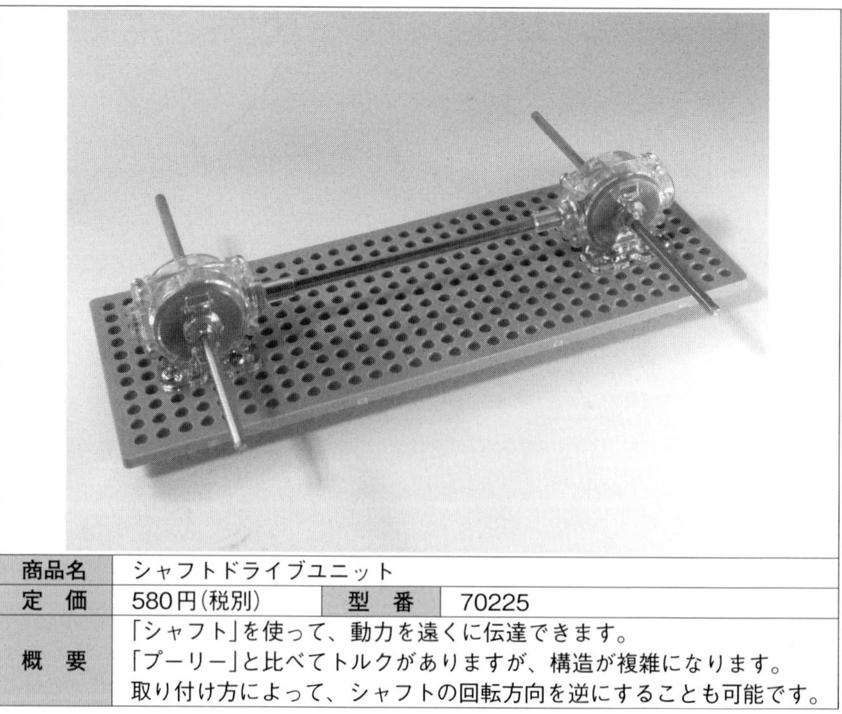

商品名	シャフトドライブユニット		
定　価	580円（税別）	型　番	70225
概　要	「シャフト」を使って、動力を遠くに伝達できます。 「プーリー」と比べてトルクがありますが、構造が複雑になります。 取り付け方によって、シャフトの回転方向を逆にすることも可能です。		

●リンク

「本体に使える機械要素」で紹介した「ユニバーサルアームセット」「ロングユニバーサルアームセット」「クロスユニバーサルアームセット」(p.33〜34)は、リンク機構の「リンク」としても利用できます。

これらは、「リンク」として使う機会が多いので、ぜひ使い方をマスターしてください。

●カム

「カム」そのものは販売していないので、素材から自分で作る必要があります。

素材としては「プラ板」を使い、それを何枚も重ねて接着し、ヤスリなどで成形していきます。

この際、「プラ板」は厚みのあるものがいいでしょう。

また、他の素材としては、「木」や「発砲スチロール」などが挙げられます。

1-4 リンク機構

■「リンク機構」とは

「リンク機構」は、「機械工学」の書籍では「機械要素」として説明されている分野です。

複雑な動きをしたいときに使われるもので、勉強していくと、一冊の書籍になるほど奥が深いです。

「リンク機構」は、いろいろな種類があるのですが、ここではよく使われている、「てこクランク機構」と呼ばれるものについて、説明します。

＊

「てこクランク機構」は**図1-4-1**のように、４つの「棒」(「リンク」と言います)で出来ています。

1つのリンク(静止節)をもち、1つのリンク(クランク)を回転させると、残り2つのリンク(連動節、てこ)は、決まった動きをします。

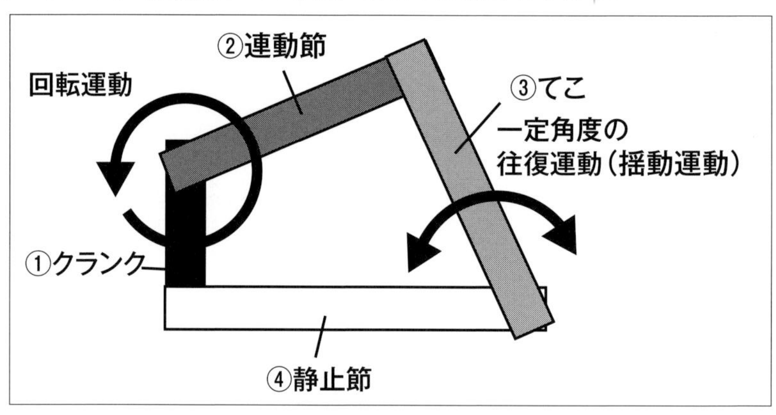

図1-4-1　リンク機構(てこクランク機構)

図1-4-1を実際に作ると、**図1-4-2**のようになります。

部品は、「ユニバーサル・アーム」を使って作ることが可能です。

「ユニバーサル・アーム」は、このような「リンク機構」を作る際にとても簡単なので、ぜひマスターしてください。

図1-4-2 「ユニバーサル・アーム」で作った「リンク機構」

＊

「機械工学」の書籍では、**図1-4-1**のように平面的に説明されていますが、実際作るとなると、材料には厚みがあるので、**図1-4-2**のように、「スペーサ」や「樹脂製ナット」「ねじ」など、リンク以外にも他の機械要素が必要になります。

■「リンクの数」による動きの違い

図1-4-3は、「リンクの数」による動きの違いを表わしています。

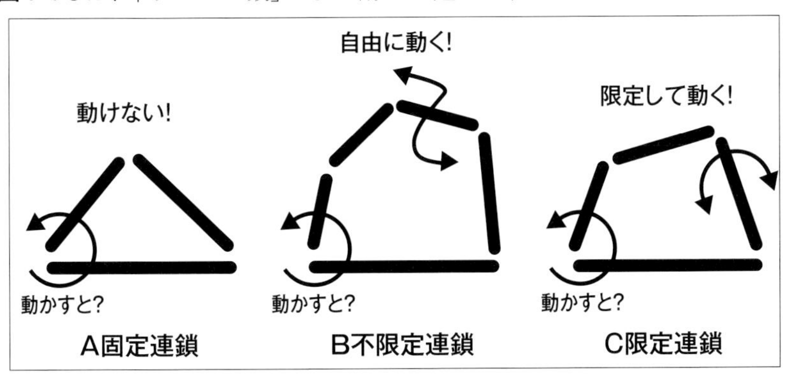

図1-4-3 「リンクの数」による、動きの違い

3つのリンクを使った場合を「固定連鎖」と呼びます。

このつなぎ方をするとリンクは動くことができず、構造物をしっかり固定したい場合に使われます。

機械工作でも、しっかり固定したい場合に使われます。

また、5つの場合を「不限定連鎖」と呼びます。

このつなぎ方は、決まった動きをせず自由に動いてしまうので、使う用途は少ないです。

4つの場合は、「限定連鎖」と呼び、決まった動きをします。

4つのリンクを使うので、「4節リンク」とも言います。

なお、「てこクランク機構」も「限定連鎖」です。

動くものは、決まった動きをさせたいために作るので、必然的に「限定連鎖」が多くなります。

■「対偶」について

リンク同士をつなぐ部分を「対偶」と言います。

いくつか種類がありますが、機械工作で使われるのは、次のようなものです。

●回り対偶

図1-4-4のように、「ネジ」と「樹脂製ナット」を使い、リンク同士を接続したものを「回り対偶」と言います。

「樹脂製ナット」は締め付けずに、リンク同士が回転できる程度にします。

「ネジ」と「樹脂製ナット」だけで作れるので、機械工作ではよく使われています。

「樹脂製ナット」の他に、「ナイロン・ナット」なども使われます。

ナット同士を締め付ける、「ダブル・ナット」と言われる方法もありますが、ゆるみやすいので通常は使いません。

図1-4-4　回り対偶

図1-4-5　「ナイロン・ナット」(左)と「樹脂製ナット」(右)

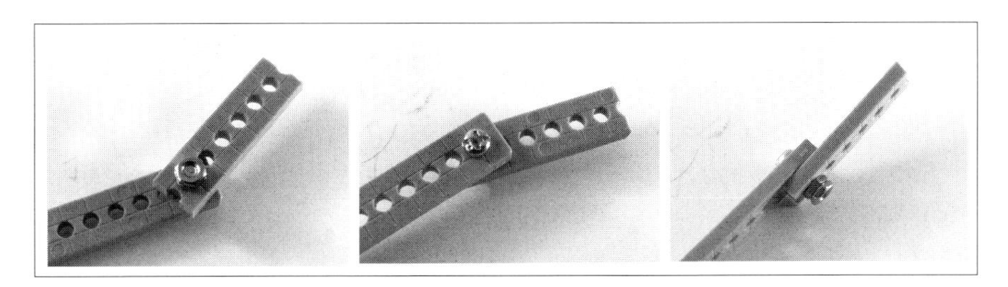

図1-4-6　ダブル・ナット

●すべり対偶

図1-4-7のように、リンクに「溝」を掘って、この「溝」を使ってリンク同士を接続したものを、「すべり対偶」と言います。

この「溝」が掘られたリンクのことを「スライダー」、「溝」の部分を「ガイド」と言います。

「スライダー」を作るには手間がかかりますが、「スライダー」の「ガイド」の部分を1リンクとして数えられるので、4つ使ったリンクよりもコンパクトになります。

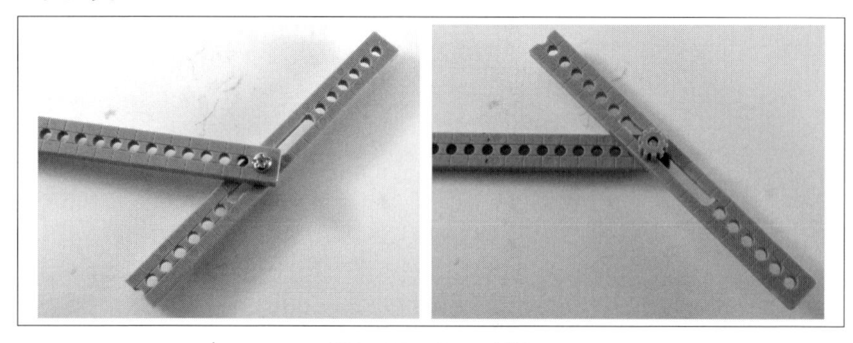

図1-4-7　すべり対偶

図1-4-8は、「スライダー」を使った「4節リンク」(揺動スライダー・クランク機構)のロボットです。

リンクは、「本体」「クランク」「足」の3つであるように見えますが、「スライダーのガイド」の部分も1つとして数えるので、合計4つのリンクで出来ています。

そして、「4節リンク」で出来ているので、ロボットは決まった動き(歩き方)をします。

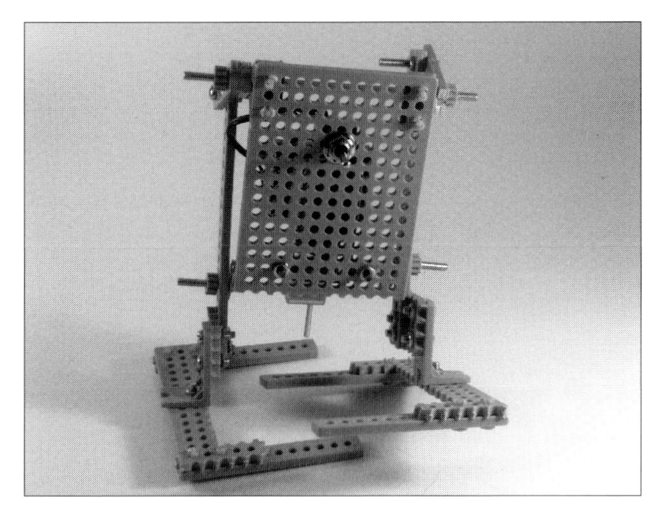

図1-4-8　スライダーを使った「4節リンク」(揺動スライダー・クランク機構)

●その他の対偶

他には、**図1-4-9**のように、「3㎜ネジシャフトセット」を使った「球面対偶」もあります。

「球面対偶」は、人の関節のように球面にそって自由に回転することができるので、回転する範囲が広くなります。

難しく表現すると、「回り対偶」や「すべり対偶」は、ある一方向しか動くことができないので「自由度1」ですが、「球面対偶」は上下左右に動くことができる「自由度2」になります。

ただし、**図1-4-9**については、左右は動きますが、上下はあまり動かないので、「自由度2」とは言い難いです。

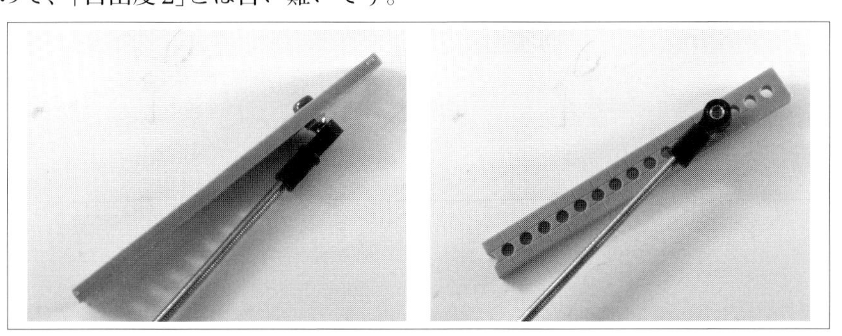

図1-4-9　球面対偶(3㎜ネジシャフトセット)

「球面対偶」は、「プラモデル」にも使われています。

図1-4-10の「恐竜ロボット」は、頭が上下左右に動きます。

「頭」の部分には穴が、「首」の部分には丸い球体があり、首に頭を差し込めば、「球面対偶」によって、上下左右に動く構造です。

図1-4-10　プラモデルに使われている「球面対偶」

1-5　機械加工

■「機械加工」について

「機械工学」の書籍で解説されている「機械加工」の内容は、「工作機械」「プレス加工」「溶接」「表面処理」など、工作機械の仕組みや使い方についての説明になります。

個人で機械工作をする場合は「工作機械」を購入することはなく、通常は「工作工具」を使って加工します。

そこで、ここでは機械工作に役立つ、「工具」について解説していきます。

なお、利用する「工具」は、加工する「材料」によって異なりますが、ここでは「プラスチック」を加工することに主眼に置いて紹介します。

●ニッパ

非常によく使う、工具のひとつです。

「ユニバーサル・アーム」や「ユニバーサル・プレート」「配線材」などの切断に利用します。

また、半導体部品(たとえば、「抵抗の足」など)の「リード線」も切断可能です。

筆者が使っているのは、「マイクロニッパ(薄刃タイプ)」というもので、通常の「ニッパ」と違い、丸みを帯びておらず、平らになっています。

そのため、平らの面を材料に当てて使うと、キレイに切断できます。

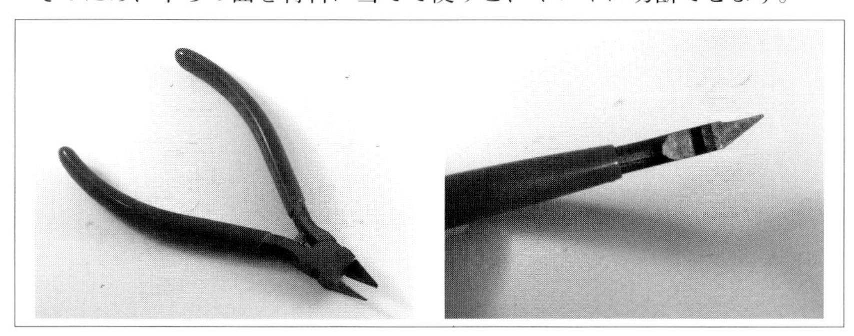

図1-5-1　マイクロニッパ(マルト長谷川工作所)

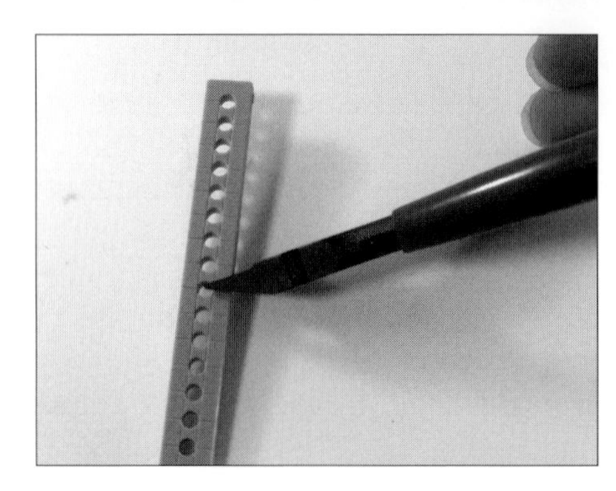

図1-5-2　「ユニバーサル・アーム」は、そのまま切断可能

図1-5-3　「ユニバーサル・プレート」は、何回かに分けて切断

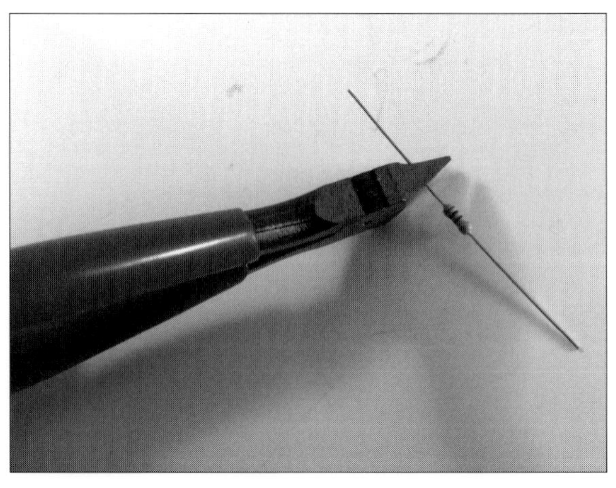

図1-5-4　半導体部品の「リード線」の切断も可能

●ドライバセット

「プラス・ドライバ」「マイナス・ドライバ」「キリ」などが、セットになったものです。このセットだけで、たいていのネジに対応できます。

筆者の使っている「ドライバセット」には、「マジックコイン」というものが付属しており、「ヒートン」を回したり、車の「バッテリキャップ」を外したりするのに利用します。

図1-5-5　ドライバセット(ANEX)

●ラジオ・ペンチ

「ナット」を取り付ける際、使います。

他にも、細かいものを掴(つか)んだりするのにも利用できます。

また、2本あると便利なときもあります。

図1-5-6　ラジオ・ペンチ(エンジニア)

●ナット・ドライバ

「ナット」を回すためのドライバですが、持っていなくても問題ありません。

機械工作では、「M3ネジ」が使われることが多いので、「M3用のナット・ドライバ」を1つ工具箱に入れておくと、いざというときに便利です。

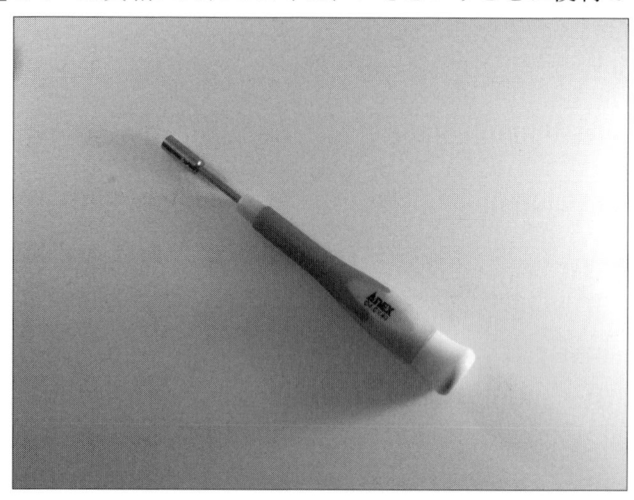

図1-5-7　M3用のナット・ドライバ(ANEX)

ただし、「ナット・ドライバ」のサイズは、「M2」や「M3」という表示ではないため、分かりにくいです。

次の表のように、「対辺の長さ」が表記されているので、購入する際には参考にしてください。

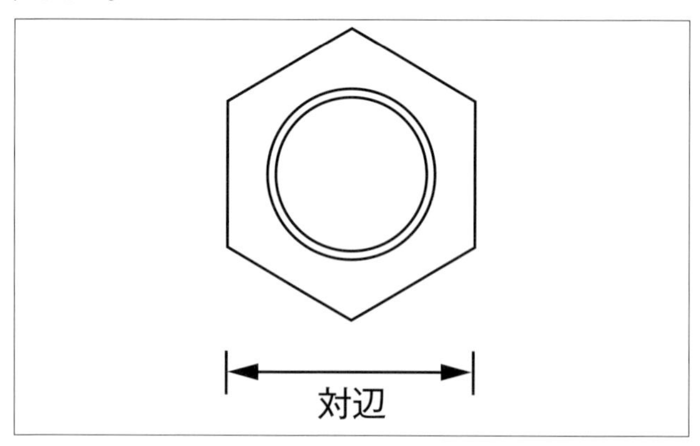

図1-5-8　対辺

表1-5-1 「ナット・ドライバ」のサイズ

対辺の長さ	サイズ
4mm	M2用
5.5mm	M3用
7mm	M4用

●直尺

「ものさし」です。

手持ちのものがあれば、それでも問題ありませんが、先端部から「目盛り」が付いているタイプが、特に使いやすいです。

学校で使っていたような「ものさし」は、角がかけても使えるように、先端部から少し内側に入ったところに目盛りが付いています。

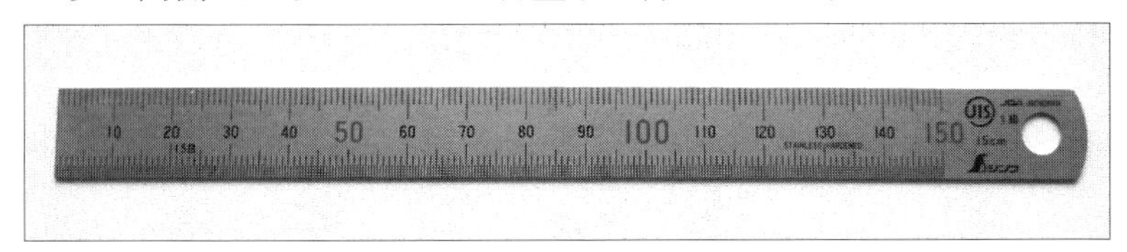

図1-5-9　直尺(シンワ測定)

●万力(まんりき)

加工物を固定する際に利用します(特に、シャフトを切る際に必要です)。

図1-4-20の「万力」は口幅が「50mm」で、バイスの面が平らになっているので、金属を直角に曲げたい場合など便利です。

少しサイズが大きくなりますが、口幅が「75mm」のものだと、さらに使いやすくなります。

図1-5-10　万力(エンジニア)

●ヤスリセット

シャフトを切断した際は、先が“ギザギザ”(バリ)になりますが、この「バリ」を取り除くのに使います。

また、リンクにスライダ(溝)を作る場合にも利用します。

使っていくうちに「目」が詰まるので、その場合は「金ブラシ」(歯ブラシでも代用可能)などで取り除いてください。

図1-5-11 ヤスリセット(ハセガワ)

●パイプ・カッタ

シャフトを切断するために利用します。

ホームセンターで売っているような、大きなパイプ用の「パイプ・カッタ」もありますが、そういったものは工作では使いません。

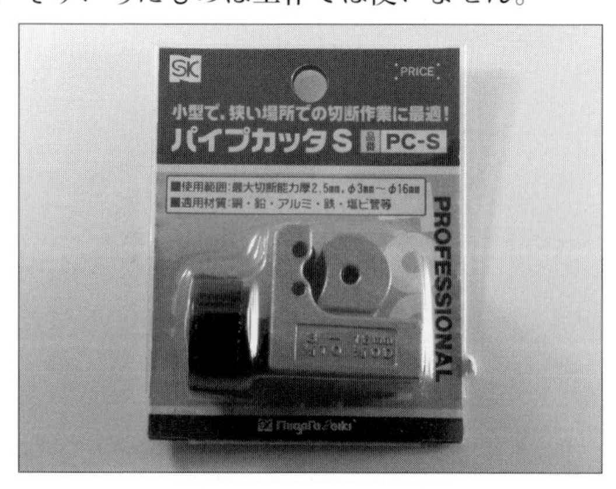

図1-5-12 パイプ・カッタ(新潟精機)

切断の仕方は、次の手順の通りです。

[1]刃をシャフトにあて、ハンドルを送り、固定。
[2]シャフトを万力に固定。
[3]「パイプ・カッタ」自身を1～2回転させたら、さらにハンドルを送る。
[4]以後、**手順[3]**を繰り返す。

図1-5-13　シャフトを切断している様子

●ハンディ・ドリル

穴を開けるのに必要です。

非常によく使うので、ホームセンターで2000円程度のものを、購入しておくといいでしょう。

チャックの部分(ドリル刃の取り付け部分)が六角形になっていて、刃を抜き差しするだけで着脱できるので、操作が簡単です。

日曜大工で使うような「インパクト・ドライバ」でも代用できますが、大きくて使いにくいため、こちらをお勧めします。

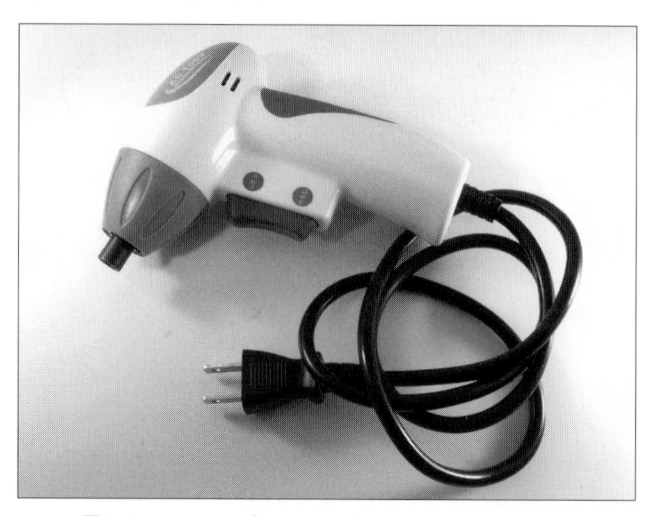

図1-5-14　ハンディ・ドリル(三井コーポレーション)

●「ハンディ・ドリル」の刃

直径が違う刃がセット(1.5mm～5mm)になったものが、お勧めです。

プラスチックに穴を開ける場合は、一般的な「木工、金属用の刃」で充分でしょう。

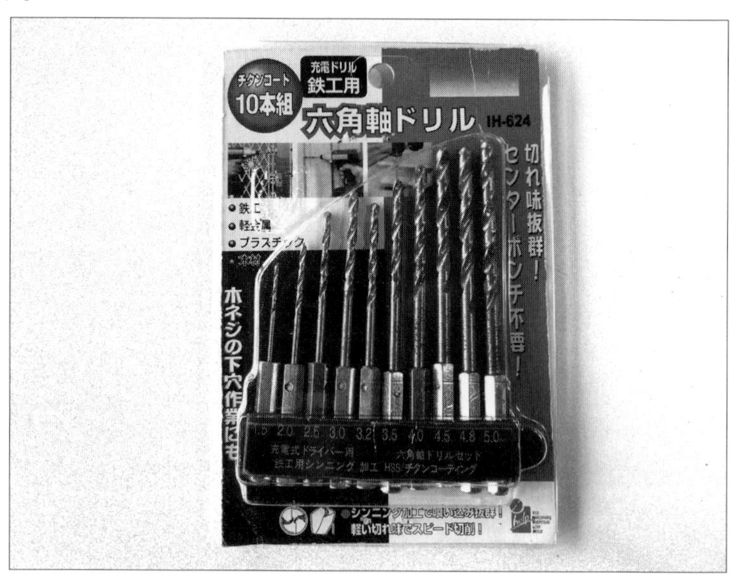

図1-5-15　「ハンディ・ドリル」の刃

「ハンディ・ドリル」に取り付けるので、チャックの部分が六角形のものを選びます。

六角形でなく、丸いタイプもあるので、注意してください。

●リーマ

穴を広げるときに利用します。

「ハンディ・ドリル」で、たいていの穴は開けることができますが、大きな穴の場合、刃のサイズがないこともあるため、この「リーマ」を使って穴を広げてやります。

図1-5-16　リーマ(エーモン工業)

●ミニ・ノコギリ

プラスチックを切るための「ノコギリ」です。

ユニバーサル・アームは「ニッパ」で切ると簡単ですが、仕上がりを良くしたいときは、このような「ノコギリ」を使います。

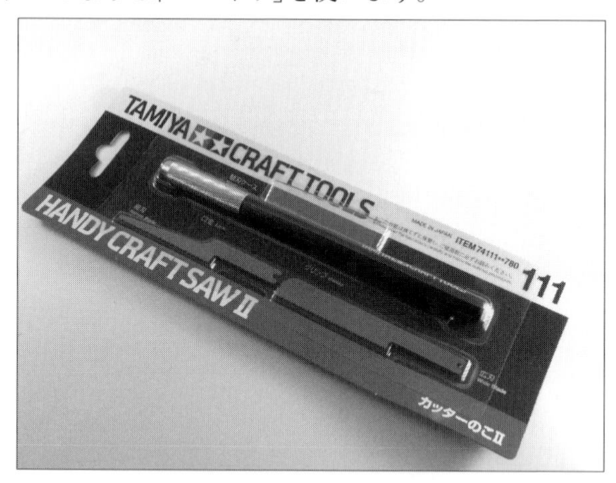

図1-5-17　ミニ・ノコギリ(タミヤ)

●ピニオン・ギヤ外し

「ピニオン・ギヤ」は、「モータ・シャフト」に圧着で接続されていますが、長時間利用すると緩んでしまうため、交換する必要があります。

その際に、モータから「ピニオン・ギヤ」を外すのに利用します。

図1-5-18　ピニオン・ギヤ外し

●ノギス

「外径」「内径」「深さ」の3つを測定できます。

「外形」を測定する場合は「ジョウ」で、「内径」を測定する場合は「クチバシ」で、「深さ」を測定する場合は「デプスバー」で測定します。

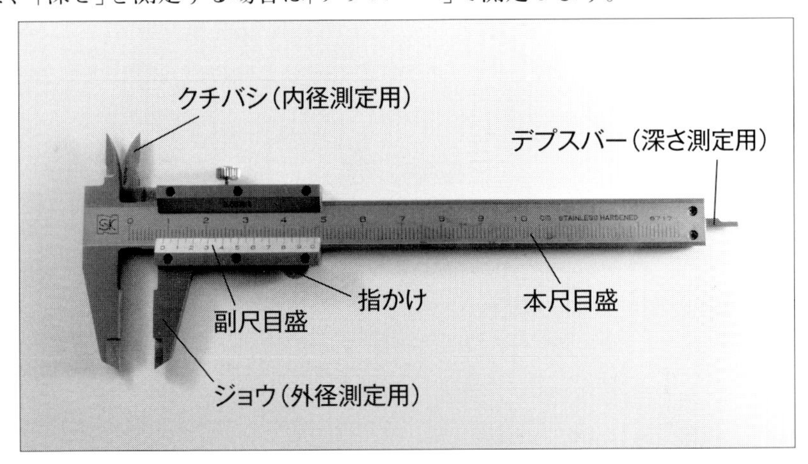

図1-5-19　ノギス(新潟精機)

「ノギス」の使い方は、「外径」を測る場合は、**図1-5-20**のように「ジョウ」に測定物をはさみます。

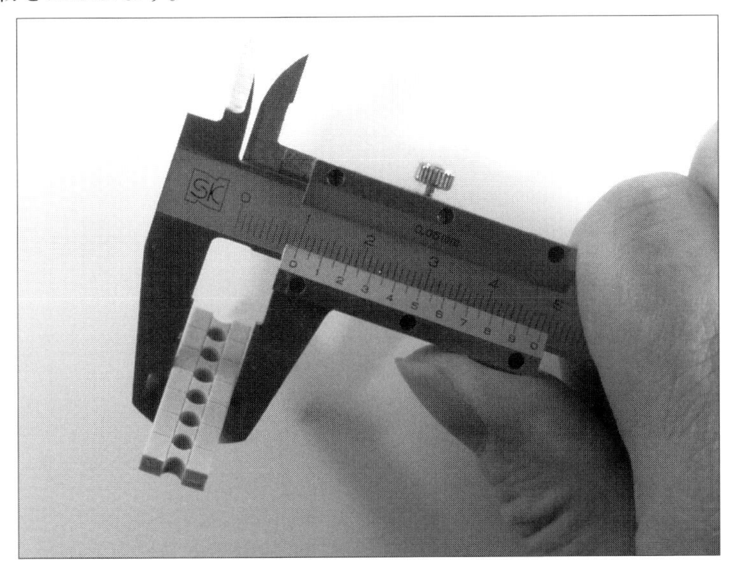

図1-5-20　「ノギス」の使い方

読み方は、最初は「副尺」の「0」が本尺のどこの目盛りをさしているか読みます。

図1-5-21の場合は、「9mm」と「10mm」の間なので、小さい数字の「9mm」と読みます(①)。

次は、「本尺目盛」と「副尺目盛」が合わさったところの、「副尺目盛」を読みます(②)。

「9」と「0」の間なので、「0.95mm」と読みます。

最終的に「9mm」と「0.95mm」を足し、ユニバーサル・アームの幅は、「9.95mm」になります。

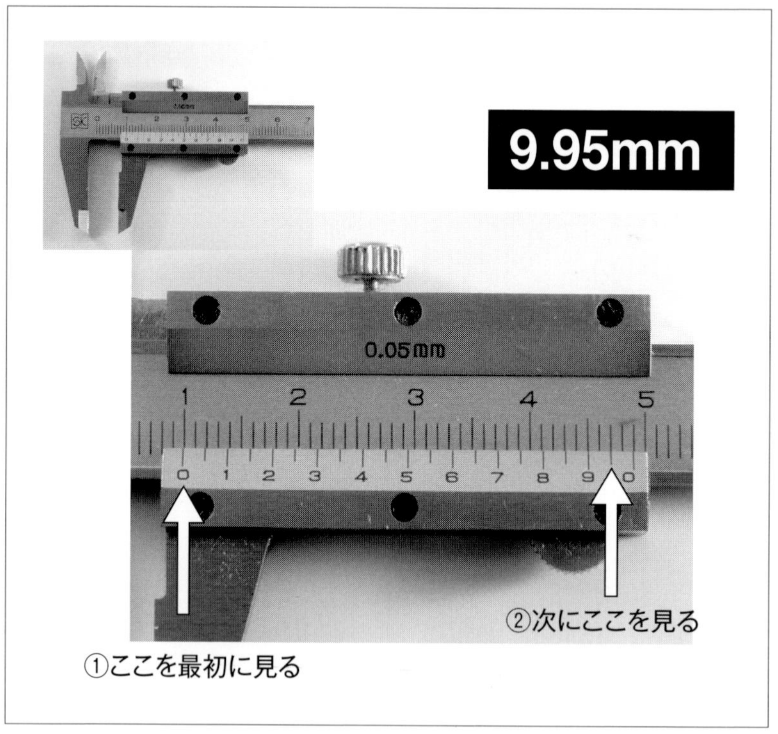

図1-5-21　「ノギス」の読み方

「内径」を計る場合は、**図1-5-22**のように「クチバシ」を使います。

読み方は「外径」と同様です。

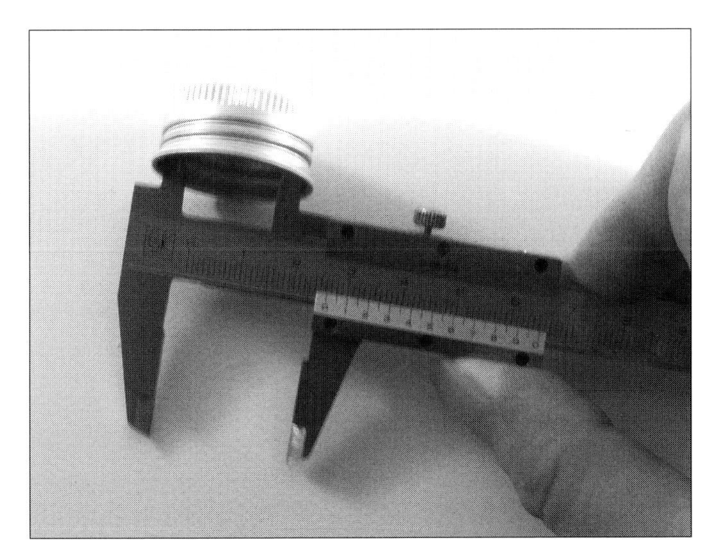

図1-5-22　「内径」の測定方法

深さを測る場合は、**図1-5-23**のように「デプスバー」を使います。
読み方は「外径」と同様です。

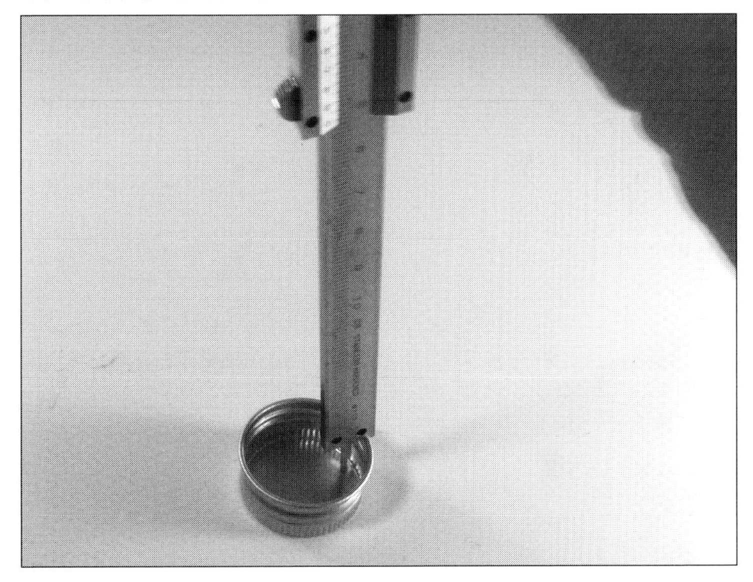

図1-5-23　「深さ」の測定方法

●カッターナイフ、はさみ、カッティングマット、かなづち、のこぎり

どれも自宅にあると思うので、あえて購入する必要はありません。

「カッティングマット」はなくてもいいですが、机を保護してくれるので、あると便利です。

材料を加工する際に、「カッティングマット」の上に「白い紙」を置いて作業すると、作業後は紙を捨てるだけなので、後片付けが簡単になります。

(紙はチラシでも良いのですが、チラシには色がついているので作業しづらいです)。

「かなづち」は、部品が入りにくい場合など、ちょっと叩きたいときに利用します。

部品を直接叩くと部品が変形してしまう場合は、「あて木」(要らない木)を介して叩くようにしましょう。

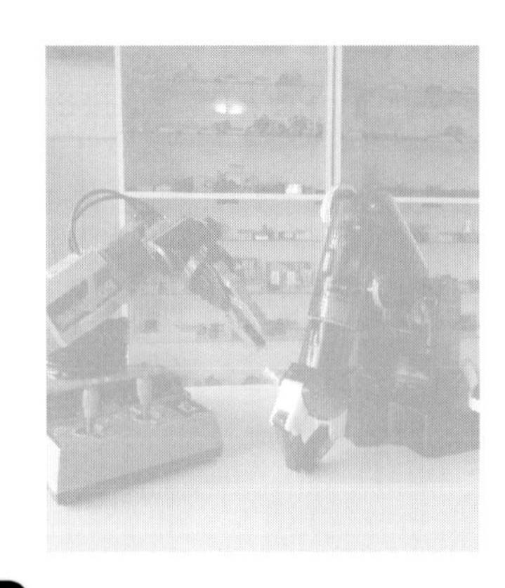

第2部

「二足歩行ロボット」を作ろう

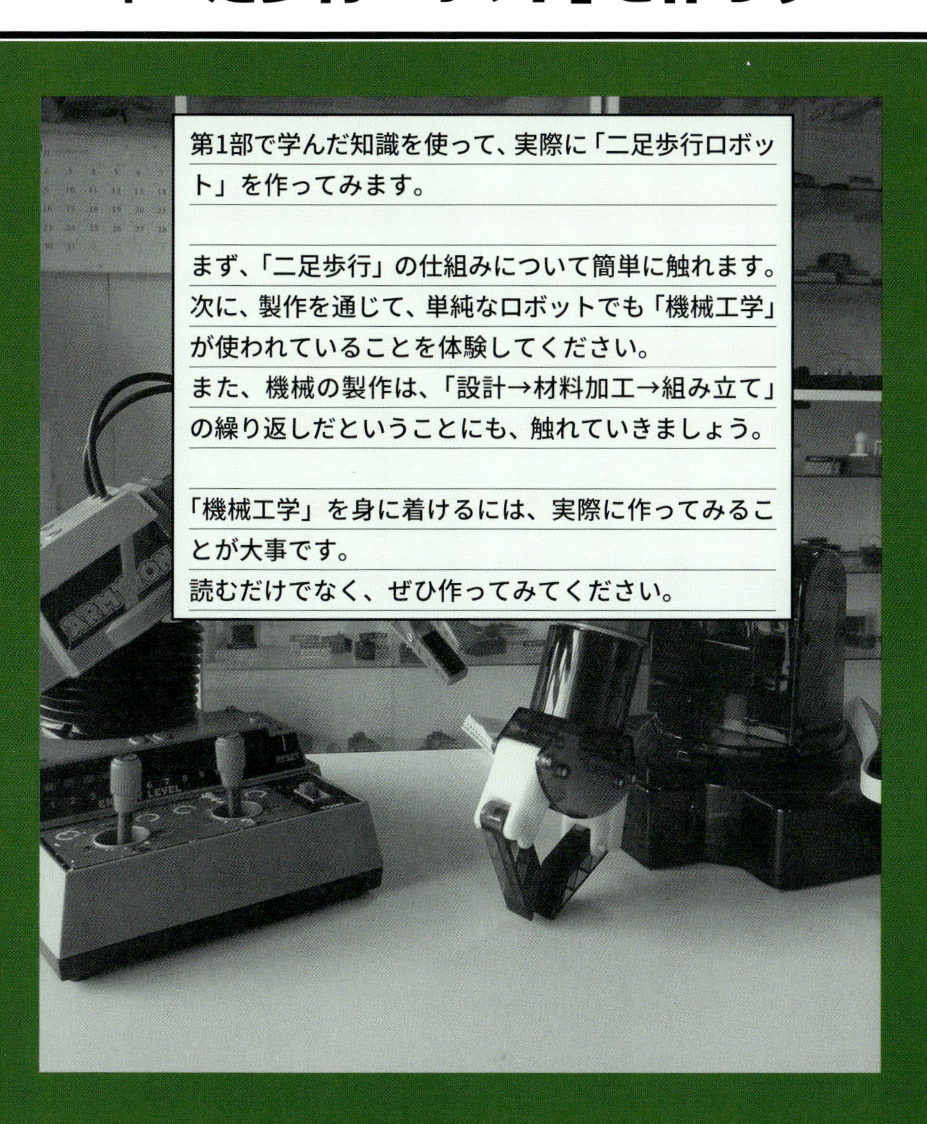

第1部で学んだ知識を使って、実際に「二足歩行ロボット」を作ってみます。

まず、「二足歩行」の仕組みについて簡単に触れます。
次に、製作を通じて、単純なロボットでも「機械工学」が使われていることを体験してください。
また、機械の製作は、「設計→材料加工→組み立て」の繰り返しだということにも、触れていきましょう。

「機械工学」を身に着けるには、実際に作ってみることが大事です。
読むだけでなく、ぜひ作ってみてください。

2-1 「二足歩行」の仕組み

■ 支持多角形

「支持多角形」は「ロボット工学」に出てくる言葉で、「機械工学」には出てきませんが、ロボットを歩かすには、知っておく必要があります。

＊

例として、**図2-1-1**の「片足を浮かせながら歩くロボット」を見てみましょう。

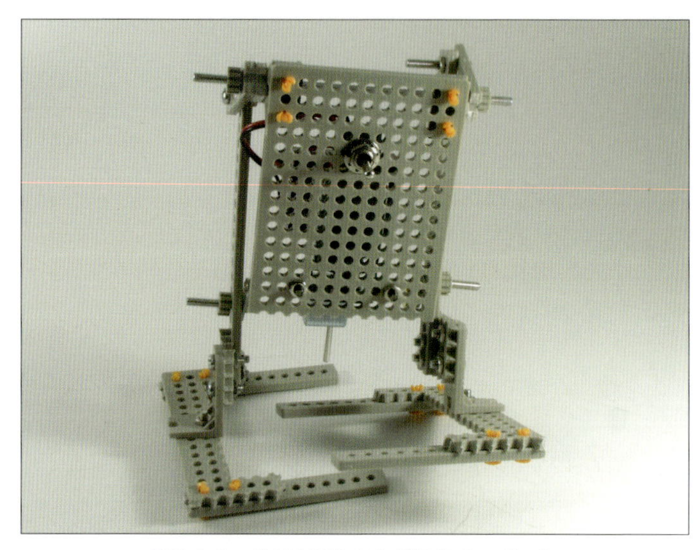

図2-1-1　片足を浮かせながら歩くロボット

図2-1-2は、両足が地面に付いている状態を上から見た図です。**図2-1-2**の灰色の部分が「支持多角形」です。

この灰色の部分に「重心」があると、ロボットは倒れません。

逆に、ここから「重心」が出ると、ロボットは倒れてしまいます。

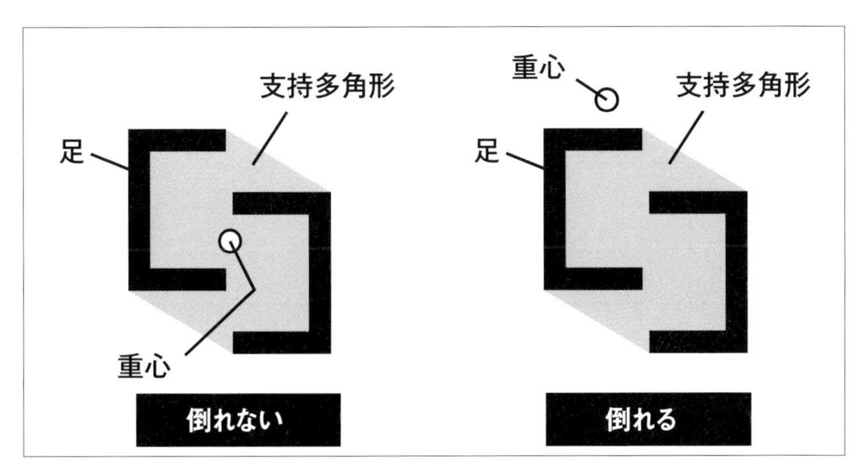

図2-1-2　両足が地面に付いているときの「支持多角形」

図2-1-3は、片足を浮かせたときの「支持多角形」です。

片足を浮かせると「支持多角形」が小さくなり、重心が収まる範囲が狭まるので、ロボットは倒れやすくなります。

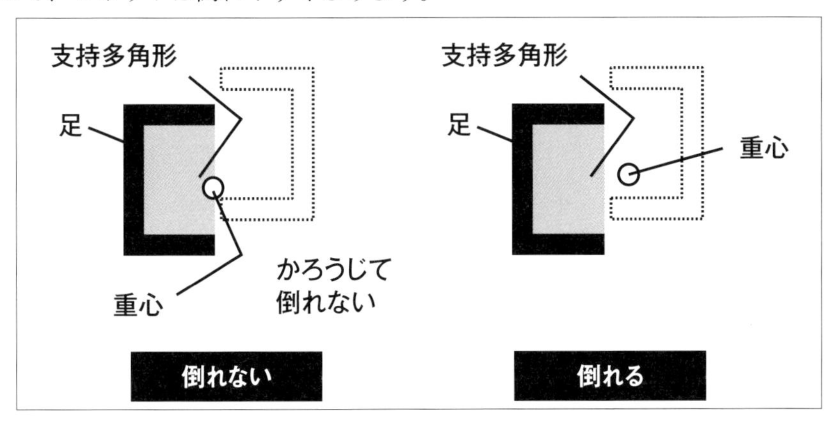

図2-1-3　片足が浮いているときの「支持多角形」

■「静歩行」と「動歩行」

ロボットを二足歩行させるには、「静歩行」と「動歩行」の２つの方法があります。

「静歩行」は、重心が「支持多角形の中」にある歩行で、「動歩行」は重心が「支持多角形の外」に出ることがある歩行です。

●静歩行

「静歩行」は、次ページ**図2-1-4**のように「支持多角形」の中に重心があるので、どの状態で足を止めても、ロボットは倒れません。

しかし、床が平らでないと上手く歩けないという欠点があります。

「すり足」しながら歩く「おもちゃ」(すり足歩行)は、「静歩行」のものが多いです。

●動歩行

「動歩行」は、重心が「支持多角形」の中にあったり、外に出たりする歩行です。

重心が「支持多角形」の外に出た状態で足を止めると、ロボットは転倒してしまいますが、「静歩行」と比べて、早く歩くことができます。

通常人は、**図2-1-5** (p.86)のような「動歩行」で歩いています。

「動歩行」では、倒れそうになると片方の足で支え、さらにまた倒れそうになると、もう一方の足で支える…というように、倒れながら歩いています。

実際に倒れないのは、足を交互に出すとともに、重心を左右に移動しているためです。

また、人の歩き方でも、冬の凍った路面を歩く場合は、滑って転ばないようにするため、ゆっくり歩きますが、この歩き方は「動歩行」でなく「静歩行」になります。

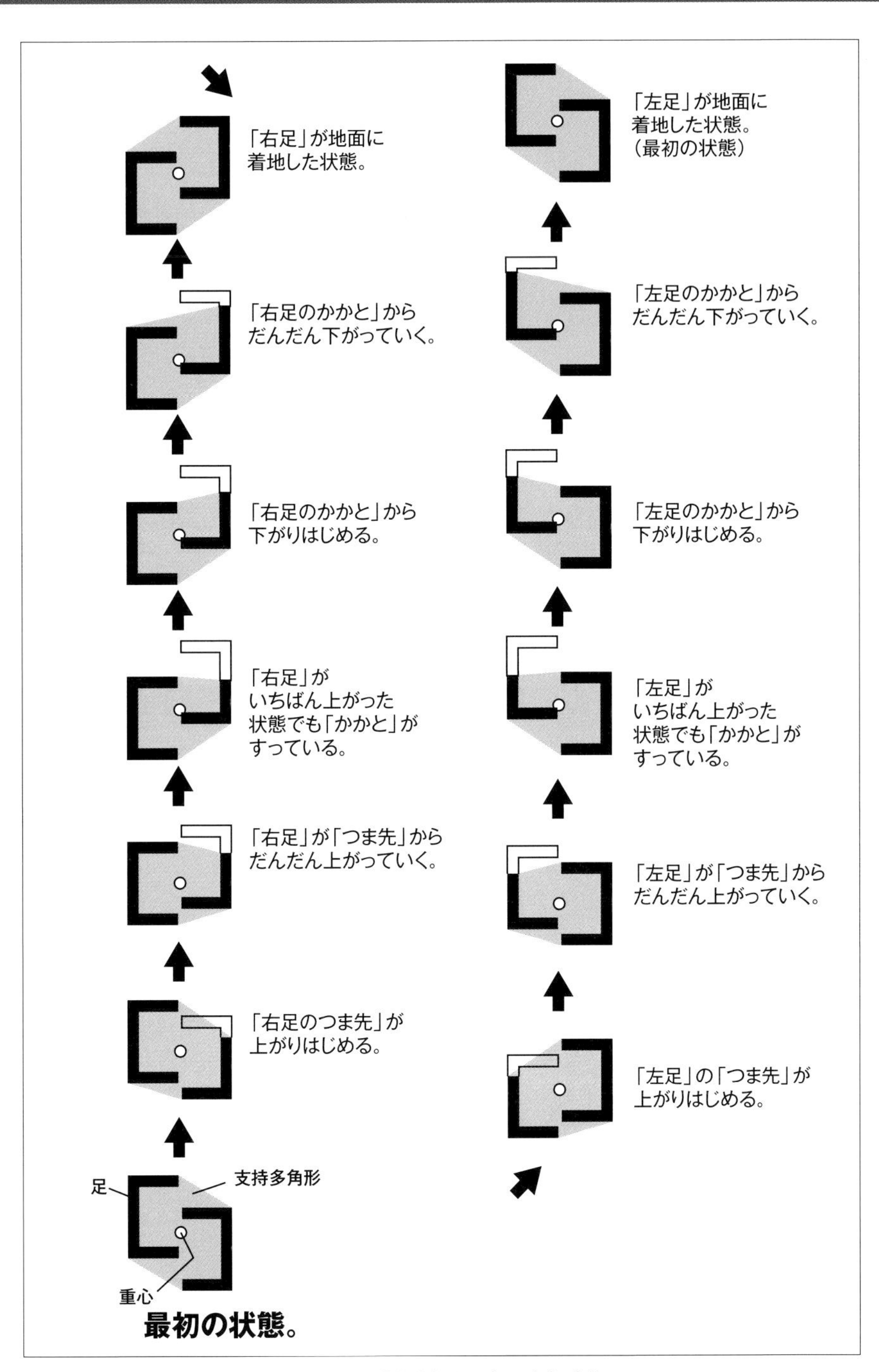

図2-1-4 「静歩行」の歩き方(一例)

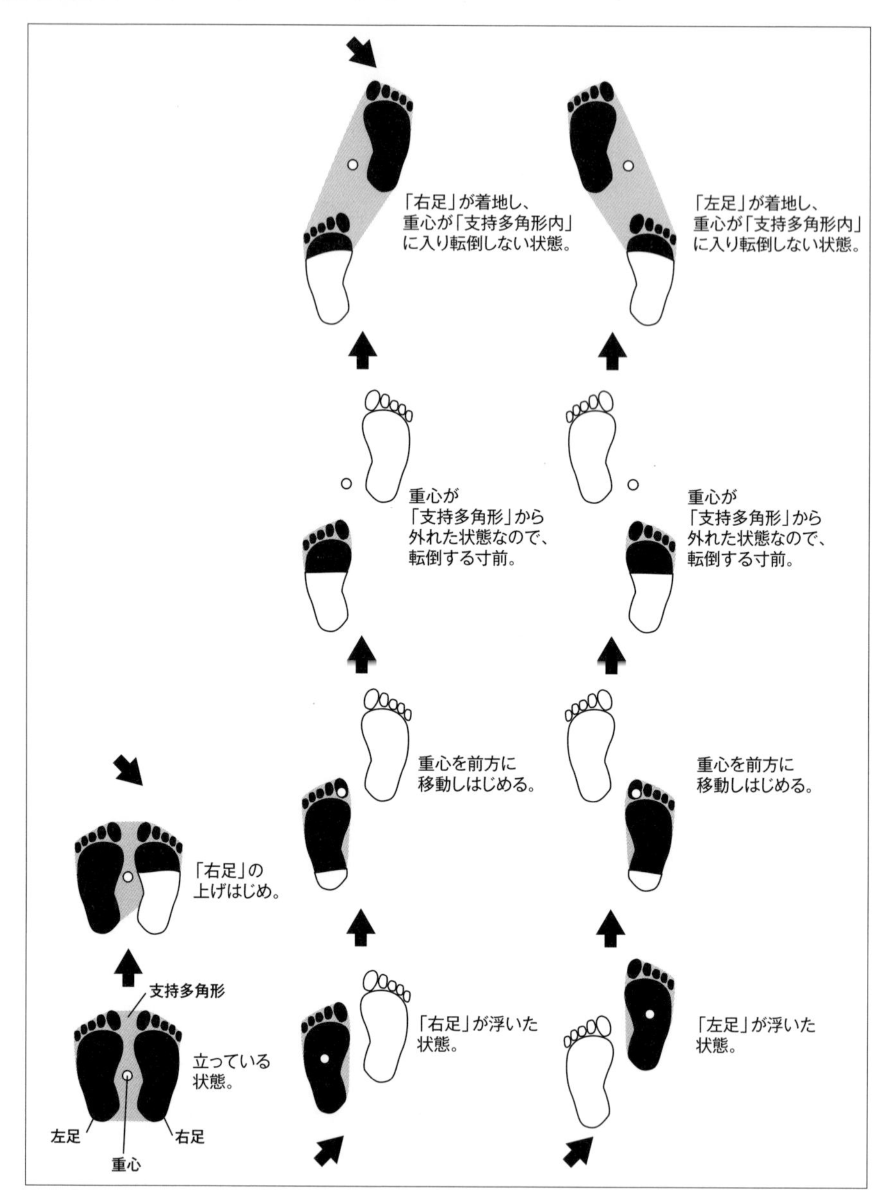

図2-1-5　人の歩行(動歩行)

「二足歩行ロボット」の製作では、重心は「動力」(特に「電池」)が重いので、大きな比重を占めます。動力の配置が歩行に重要なことが分かります。

●受動歩行

「動歩行」は、人のような歩き方以外にも、「受動歩行」と呼ばれるものがあります。

図2-1-6は、木材で作られた「受動歩行のおもちゃ」で、**図2-1-7**は紙で作られた「受動歩行のおもちゃ」です。

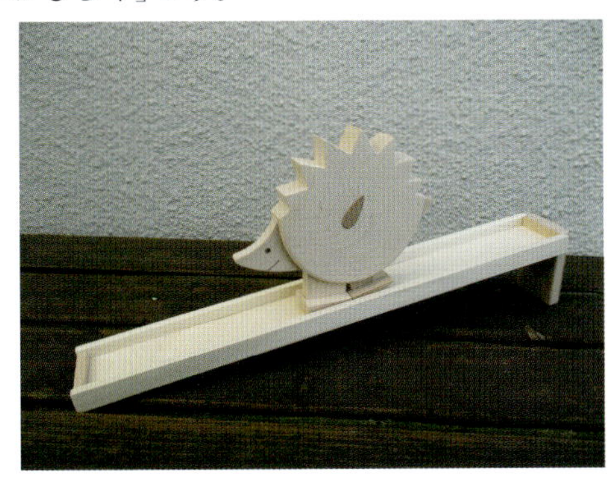

図2-1-6　木材で作られた、「受動歩行のおもちゃ」(ディラス社)

図2-1-7　紙で作られた、「受動歩行のおもちゃ」(マクロスター社)

坂道の上に置くと、トコトコと「振子」のように体と足を動かしながら、坂道を下ります。

動力は「重力」で、複雑な制御回路が必要なく、「振子」の動きだけで歩きます。

機械の仕組みは、足が付いているだけなので、バランスさえ合っていればちゃんと歩きます。

＊

図2-1-8は、「ユニバーサル・プレート」と「ユニバーサル・アーム」で作った、「受動歩行のおもちゃ」です。

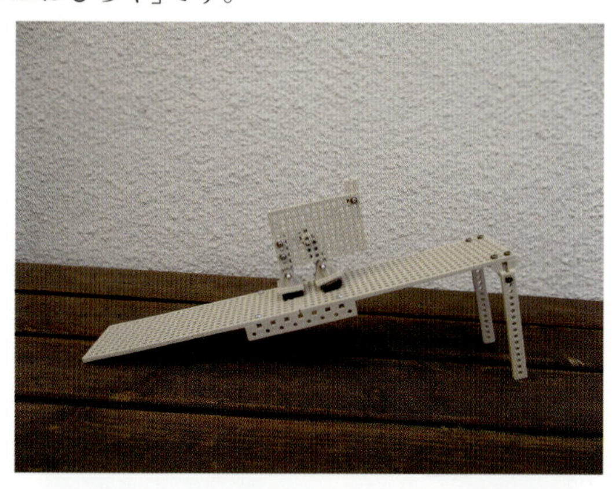

図2-1-8 「ユニバーサル・プレート」と「ユニバーサル・アーム」で作った「受動歩行のおもちゃ」

作ってみると分かりますが、バランスの調整が必要です。
次の点がポイントです。

---

①「足の裏」に、ゴムやセロテープを貼ります。
これは、「足の裏」がザラついていないと、坂道をすべってしまい、上手く歩くことができないためです。

②「重心」は、動く足だけで立たせたとき、**図2-1-9**のように、傾かなくてはいけません。

図2-1-9 片足で立たせた際に、傾くように作る

③「坂道の傾斜」は大切で、傾斜が適切でないと、転げ落ちたり、歩かなかったりします。

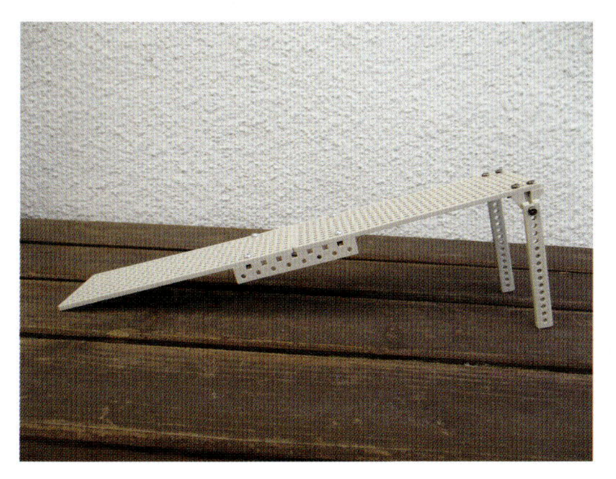

図2-1-10 「坂道の傾斜」が大切

④両足が触れることで“トコトコ”と音が鳴るので、両足が触れるように作る必要があります。

⑤倒れないようにするため、ロボットの高さを低くしたり、足の裏の面積を大きくしたりする必要があります。

⑥坂道の脇から転げ落ちやすいので、防止用の柵を付けます。

⑦**図2-1-11**のように、稼動する足は、ある角度までしか開かないようにします。

図2-1-11 ある角度しか開かないようにする

2-2 「受動歩行ロボット」の製作

■「受動歩行ロボット」を作る

「ユニバーサル・プレート」などの材料の扱い方に慣れるために、簡単に作れる「受動歩行ロボット」を作ってみましょう。

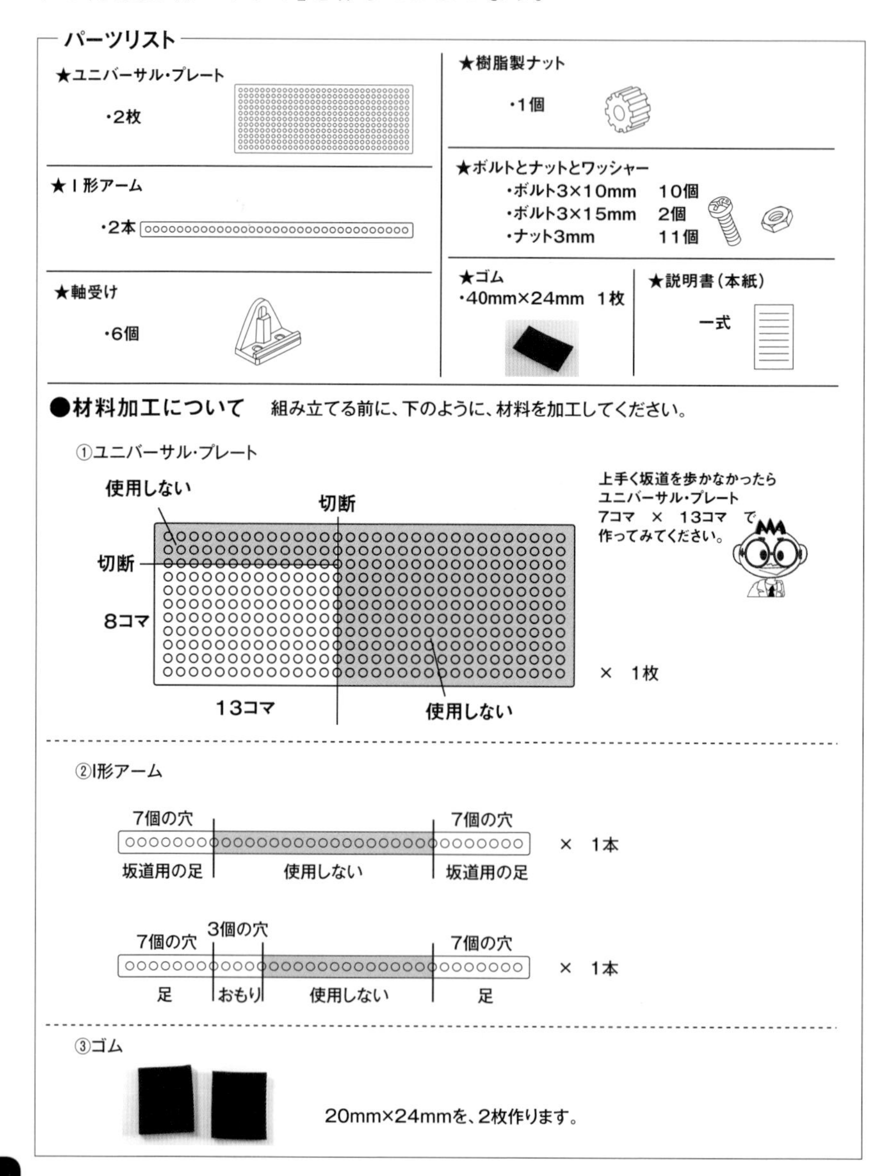

受動歩行ロボットの作り方

■材料の加工

①材料を加工してください。

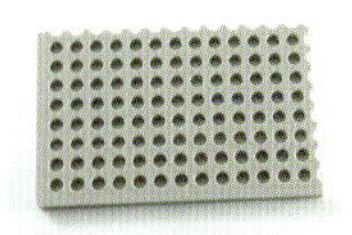
ユニバーサル・プレート

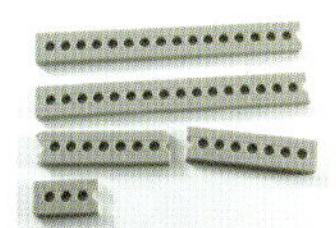
I 型アーム

ゴム

((豆知識))
樹脂製ナットは、最初にラジオペンチとプラスドライバーを使って、ボルトに通し、一度通し終えた樹脂製ナットを使うと、取り付けやすくなります。

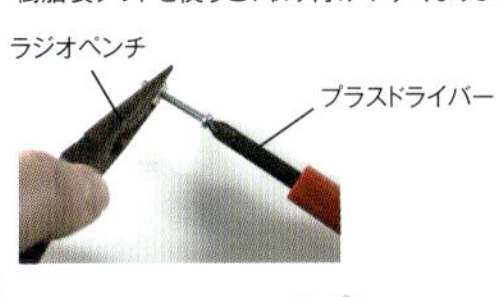

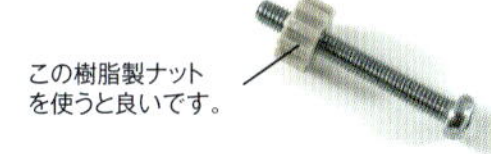

■本体の組み立て

①7コマのI型アーム、軸受け、15mmねじ、ナットを使い、写真のように足を2組作ります。

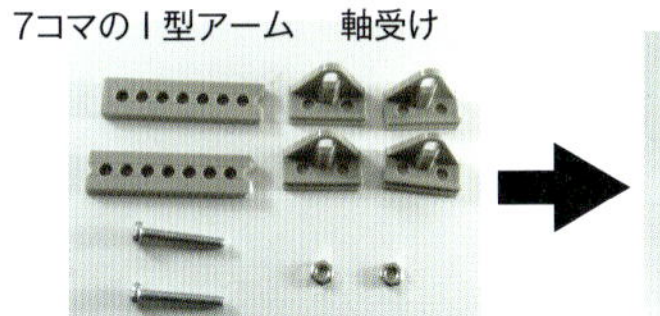

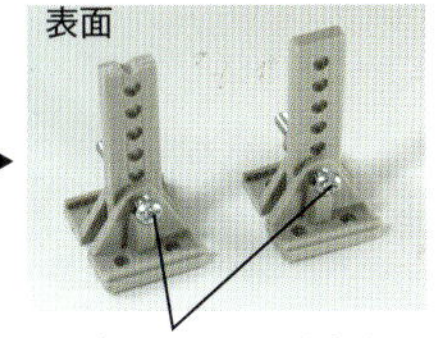

裏面

2組作ります!

I 型アームは、下から2コマ目の穴に、15mmねじを入れます。

②加工したユニバーサル・プレート、足、10mmねじ、ナットを使い、写真のように作ります。

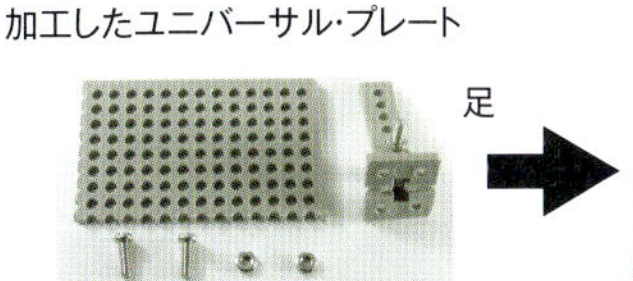
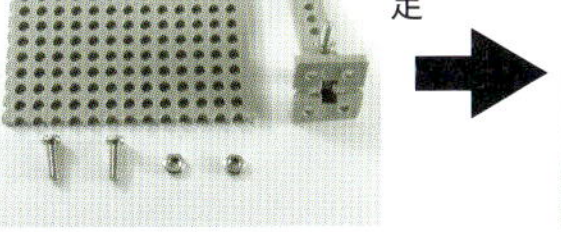

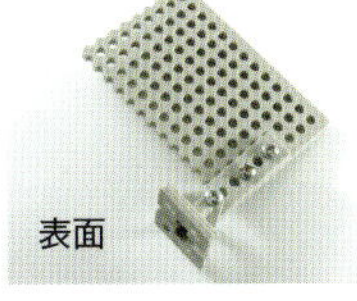

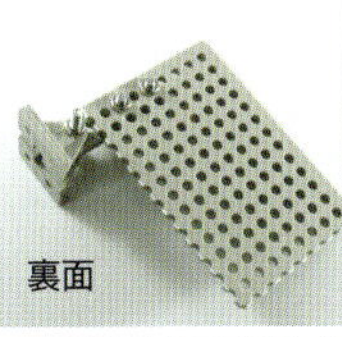

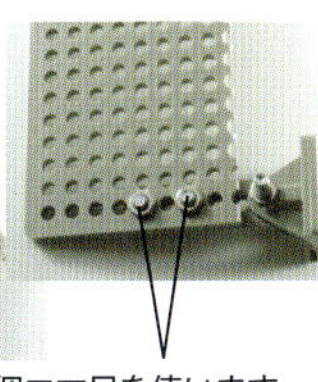

端から2コマ目と4個コマ目を使います。

③本体に、足を、10mmねじ、樹脂製ナットを使い、写真のように作ります。

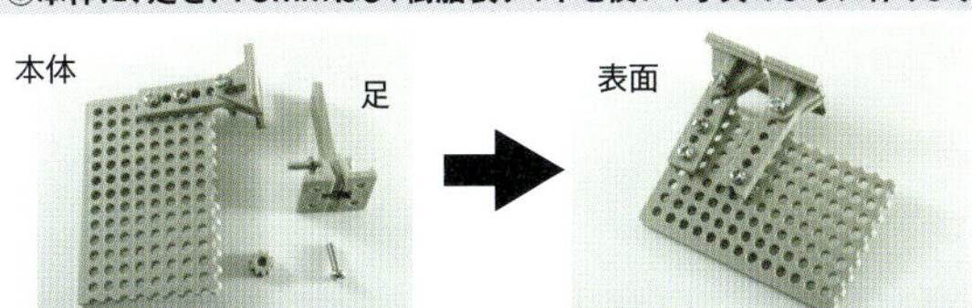

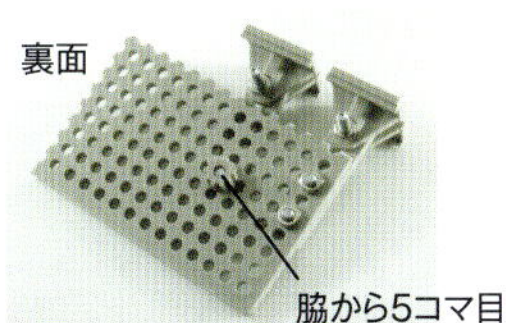

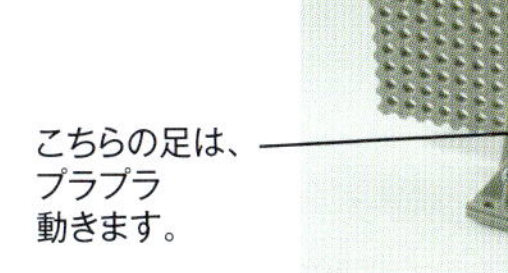

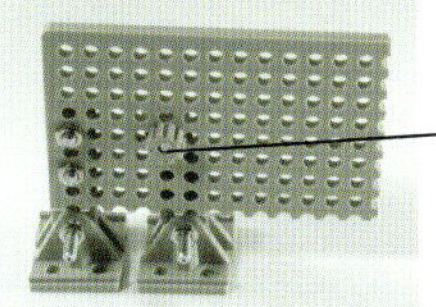

樹脂製ナットは、
きつく締めすぎないでください。
足がプラプラ動く程度に
締め付けます。

④本体に、3コマのユニバーサル・アームを、10mmねじ、ナットを使い、写真のように作ります。

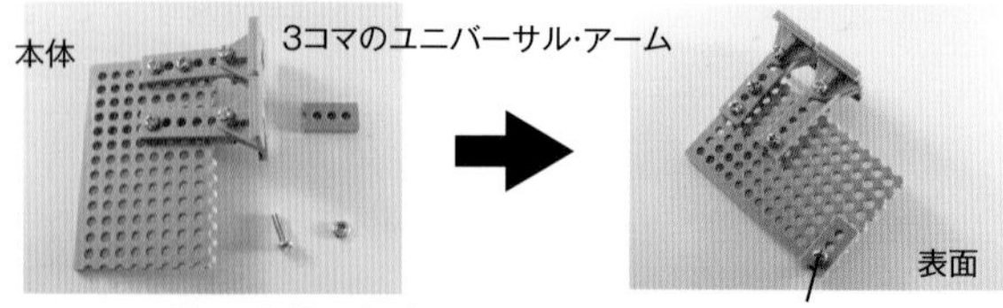

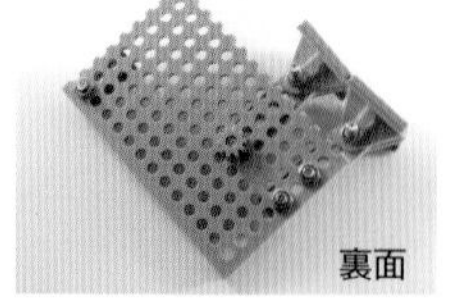

⑤本体の足に、ゴムを貼り付けます。

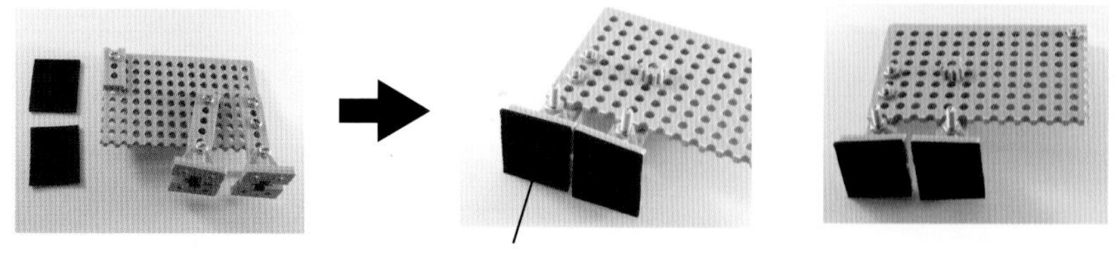

両足がくっつけた状態でゴムを貼ると、足が閉じた際に、コツコツ音が鳴るようになります。

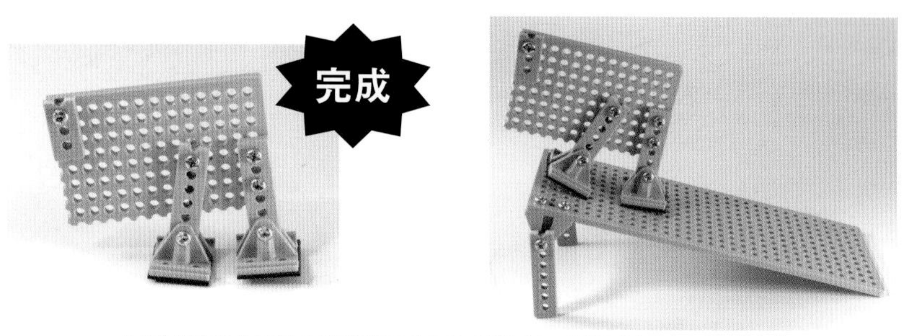

「おもり」のあるほうを坂道の上にして置くと、坂道をトコトコ下ります。

★本体の調整

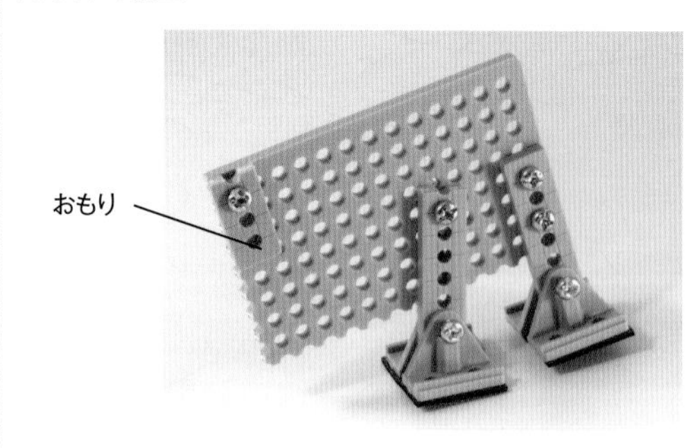

この写真の場合、向かって左側に傾きます。

足を立たせた際、動く足側に傾きます。
この状態が正常です。

傾かないようでしたら、樹脂製ナットを
少し緩めてください。
また、「おもり」の位置や
量（たとえば4コマに変更するなど）
を調節してください。

また、転んだりして
上手く坂道を歩かなかったら
ユニバーサル・プレート
7コマ×13コマで
作り直してみてください。

■坂道の組み立て

①ユニバーサル・プレートに、軸受けを、10mmねじ、ナットを使い、写真のように組み立てます。

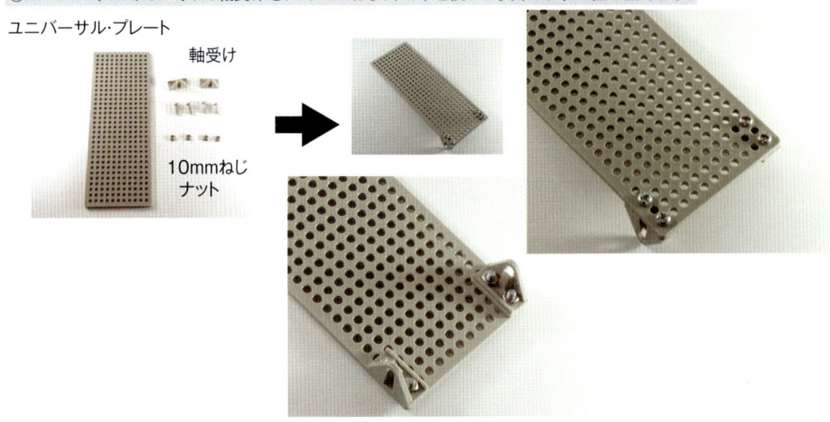

②作った坂道に、I 型アーム7コマを、10mmねじ、ナットを使い、写真のように組み立てます。

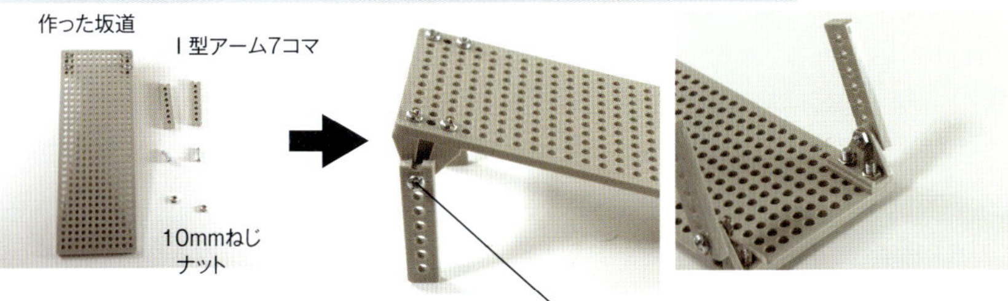

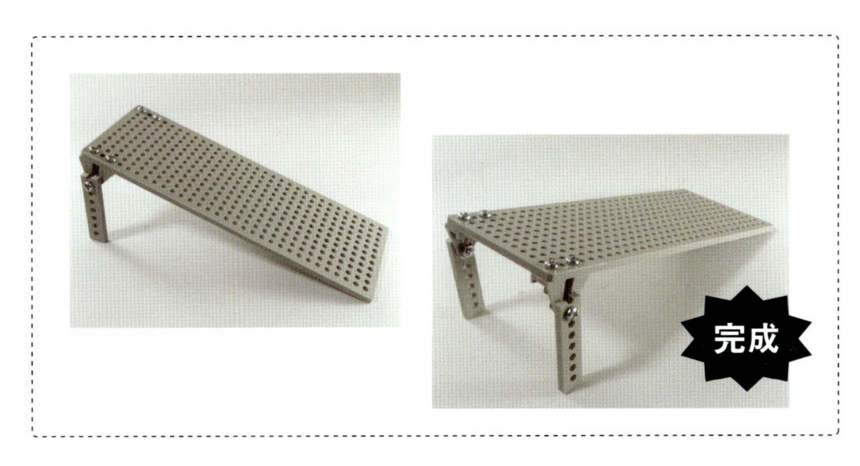

2-3 「二足歩行ロボット」の製作

■機械の仕組みが分かる、「二足歩行ロボット」を作る

機械の動く仕組みが分かる、「二足歩行ロボット」を作ってみましょう。

歩き方は、「静歩行」です。

これを作ると、「クランク」「プーリー」「カム」(機械要素)の動きを、実際に見ることができます。

*

最近のロボットは、各関節に「モータ」を入れ、電子回路で動きを制御していますが、ここで作るロボットは、「DCモータ」が1つと、機械の動きで、いろいろな動き方を作っています。

機械が動く仕組みも解説しているので、いままでの復習を兼ねて理解しましょう。

図2-3-1　製作する「二足歩行ロボット」

パーツリスト

★4速クランクギヤーボックスセット

・1個

Dタイプ　5402:1

で、中の説明書を見て、

組み立ててください。

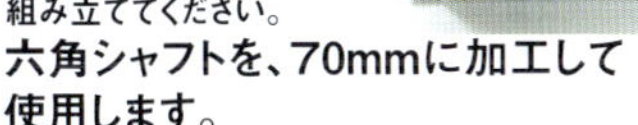

六角シャフトを、70mmに加工して使用します。

★ユニバーサル・プレート

・6枚

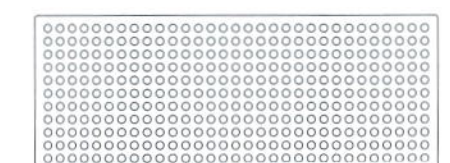

★アングル材

・7個

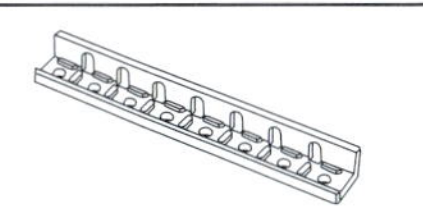

★Ｉ形アーム

13本

★クロス・ユニバーサル・アーム

・1個

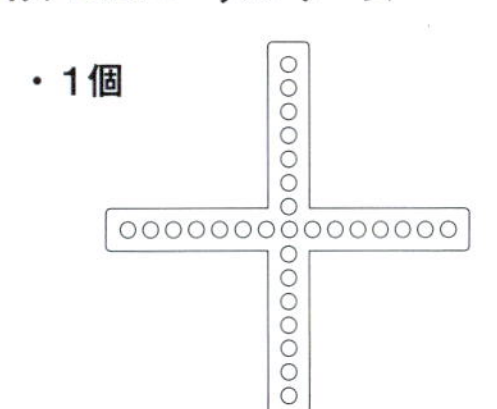

★軸受け

・2個

★樹脂製ナット

・22個

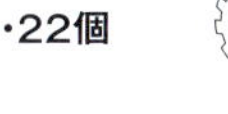

★スペーサ

・5mm　6個

・10mm　8個

・15mm　2個

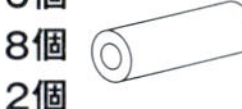

★プッシュピン　と　ストッパー

・オレンジ　12組

・黄色　4組

★電池ボックス

・単三　2本用、スイッチ付

※説明書をみて組み立ててください。

★両ネジシャフト

・丸3×100mm　2本

★六角シャフト

・3×100mm　1本

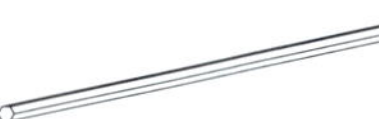

★ボルト　と　ナット

・ボルト3×10mm　33個

・ボルト3×20mm　13個

・ボルト3×25mm　6個

・ボルト3×35mm　2個

・ナット3mm　43個

★プーリー(S)セット

・20mm　2個

・30mm　2個

20mm　2個　　30mm　2個

★プーリー用ブッシュ

・3S　シングルブッシュ　4個

3S

★輪ゴム

・4本(2本は予備です)

★十字クロス・クランク

・2個

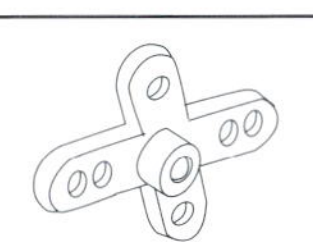

★赤黒コード

・10cm　1本

赤

黒

★スポンジ

30mm × 100mm　1個

★ボール・キャスター

2　個

説明書でなく、別紙の材料加工のとおり作ってください。

★説明書(本紙)

一式

●材料加工について　組み立てる前に、下のように、材料を加工してください。

①4速クランクギヤーボックスセット

70mmに加工した六角シャフト
Dタイプ　5402:1
で作ってください。

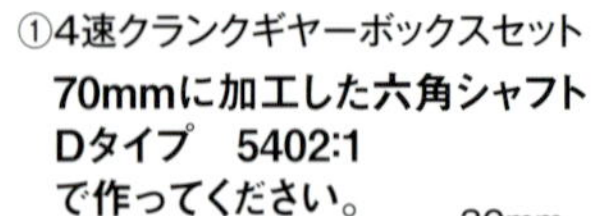

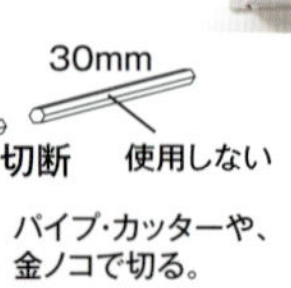

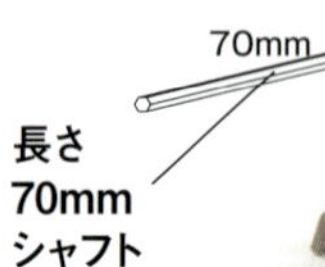

パイプ・カッターや、
金ノコで切る。

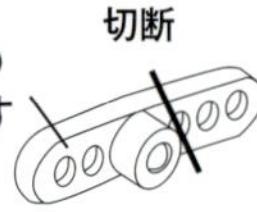

②Ｉ型アーム

切断します。

7個の穴 | 6個の穴 | 18個の穴　× 2本
腕1 | 腕2 | 腕3

19個の穴 | 11個の穴 |　× 2本
足1 | 足2 | 足3

13個の穴 | 13個の穴 |　× 1本
足4 | 足4 | 使用しない

切断し、スライダーを作ります。

21個の穴 | 11個の穴　× 2本
足5 | 使用しない

ニッパーで間を切り、ヤスリでつなげる

切断し、先を加工します。

11個の穴 | 11個の穴 | 9個の穴　× 2本
足6 | 足6 | 足7

足6:4本　カット 11個の穴　　足7:2本　カット 9個の穴

※「足6」4本と「足7」2本は、穴にかからない程度に先をカットします。

③プーリー

プーリー用ブッシュ3Sを、
20mmと30mmプーリーにセットします。

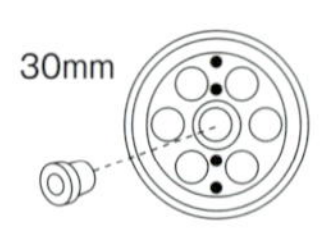

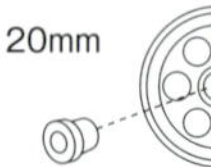

※ブッシュは、プーリーに凹みがある面に、
ハメ込みます。
ハメ込みが上手くできない場合は、
プーリーの向きを逆にしてみてください。

④スポンジ

半分に切って、
30mm×50mm　2個にします。

⑤十字クロス・クランク

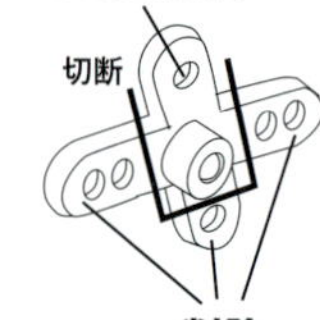

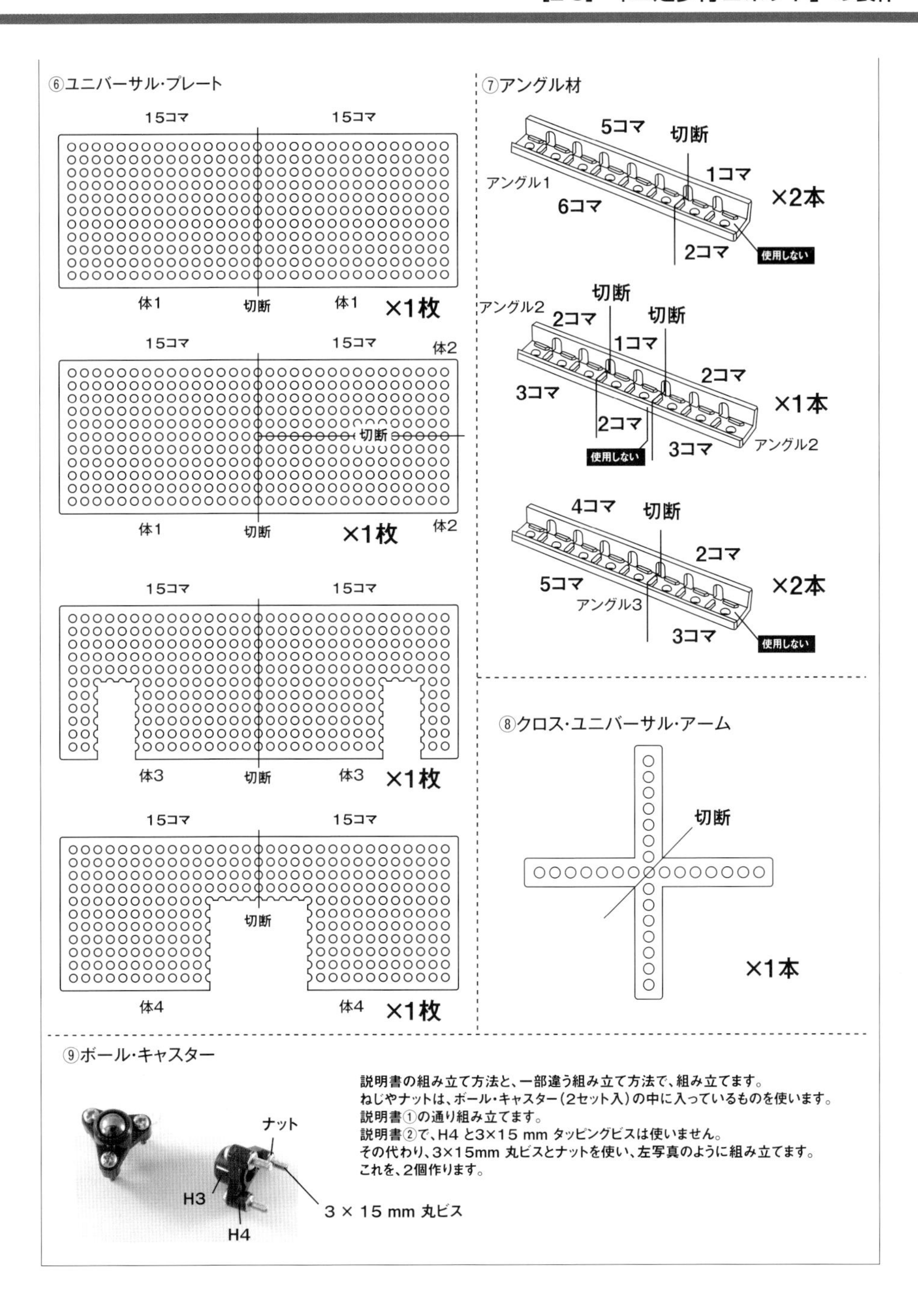
⑥ユニバーサル・プレート
15コマ
15コマ
体1
切断
体1
×1枚
15コマ
15コマ
体2
切断
体1
切断
×1枚
体2
15コマ
15コマ
体3
切断
体3
×1枚
15コマ
15コマ
切断
体4
体4
×1枚
⑦アングル材
5コマ
切断
1コマ
アングル1
×2本
6コマ
2コマ
使用しない
切断
アングル2
2コマ
切断
1コマ
2コマ
3コマ
×1本
2コマ
3コマ
アングル2
使用しない
4コマ
切断
2コマ
×2本
5コマ
アングル3
3コマ
使用しない
⑧クロス・ユニバーサル・アーム
切断
×1本
⑨ボール・キャスター
ナット
H3
H4
3 × 15 mm 丸ビス
説明書の組み立て方法と、一部違う組み立て方法で、組み立てます。
ねじやナットは、ボール・キャスター（2セット入）の中に入っているものを使います。
説明書①の通り組み立てます。
説明書②で、H4 と3×15 mm タッピングビスは使いません。
その代わり、3×15mm 丸ビスとナットを使い、左写真のように組み立てます。
これを、2個作ります。

機械の仕組みが分かる二足歩行ロボットの作り方

■材料の加工

①材料を加工してください。

4速クランクギヤーボックスセット

Dタイプ　5402:1
で作ってください。
クランクは**互い違いで**取り付けてください。
（後で一端外しますので、強く締めないでください）

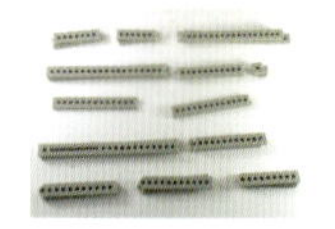

I形アーム

プーリー

スポンジ

六角シャフトを、70mmに加工して使用します。

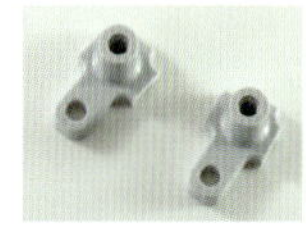

十字クロス・クランク

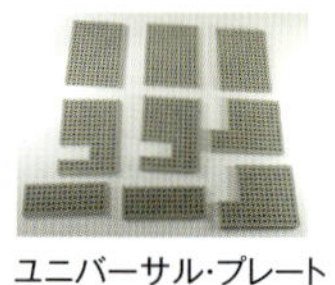

ユニバーサル・プレート

アングル材

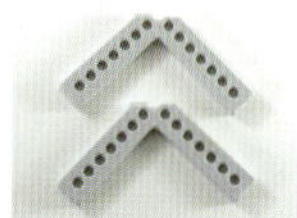

クロス・ユニバーサル・アーム

ボール・キャスター

■体の組み立て

①ギヤ・ボックスにプーリー20mmを、取り付けます。取り付ける際、いったんクランクは外します。

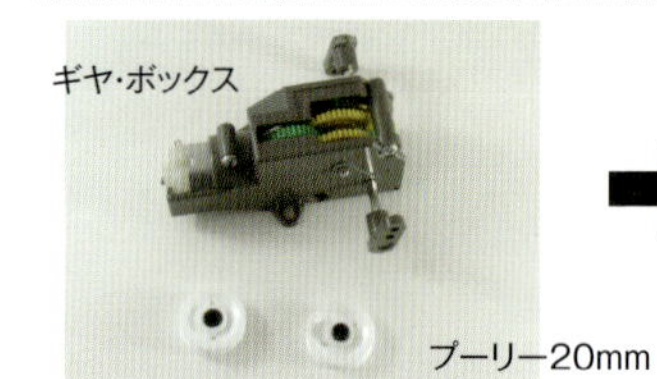

②ギヤ・ボックスと「体1」のユニバーサル・プレート、10mmねじとナットを使い、写真のように組み立てます。

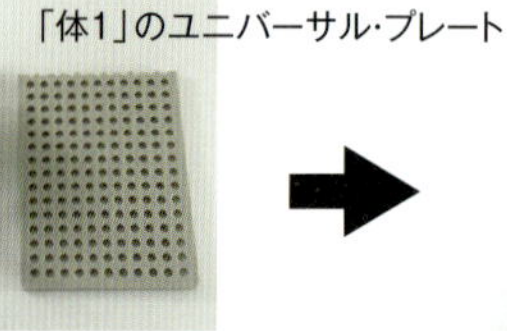

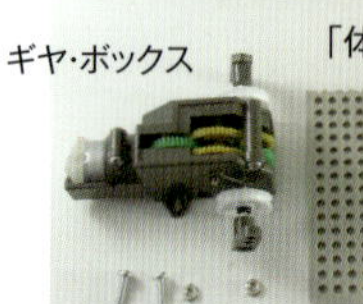

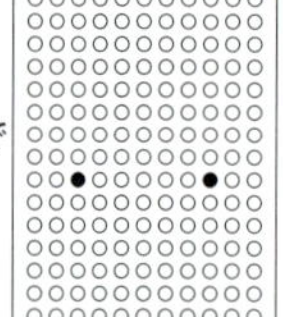

③②で作ったギヤ・ボックスにアングル2を、10mmねじ3本、20mmのねじ1本を使い、ナットで写真のように組み立てます。

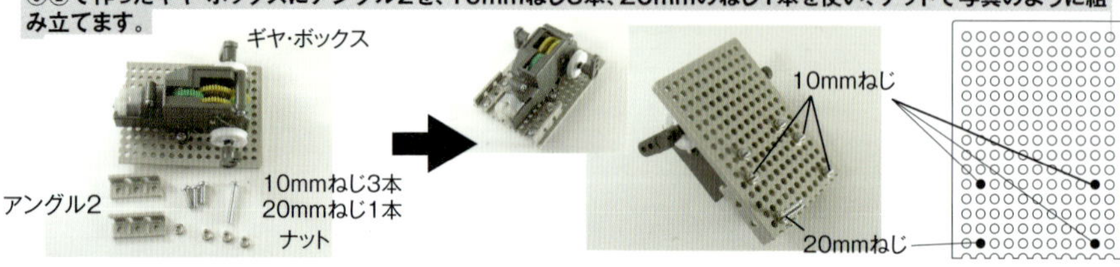

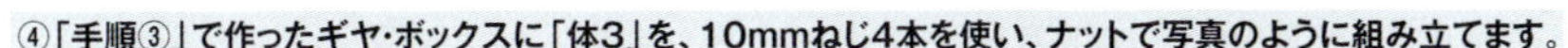

④「手順③」で作ったギヤ・ボックスに「体3」を、10mmねじ4本を使い、ナットで写真のように組み立てます。

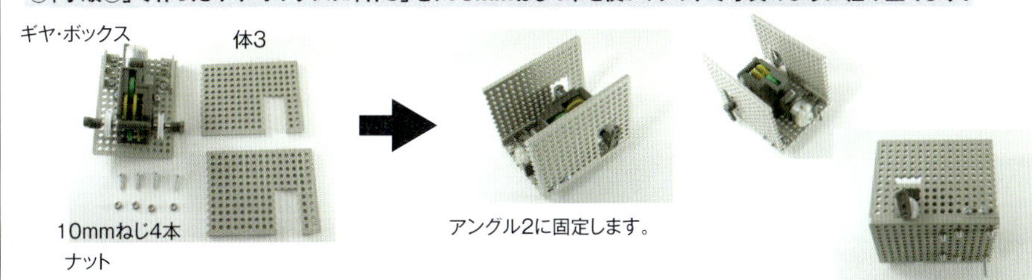

⑤「体1」と電池ボックスを、電池ボックスに付属の2mmネジとナットで、写真のように組み立てます。

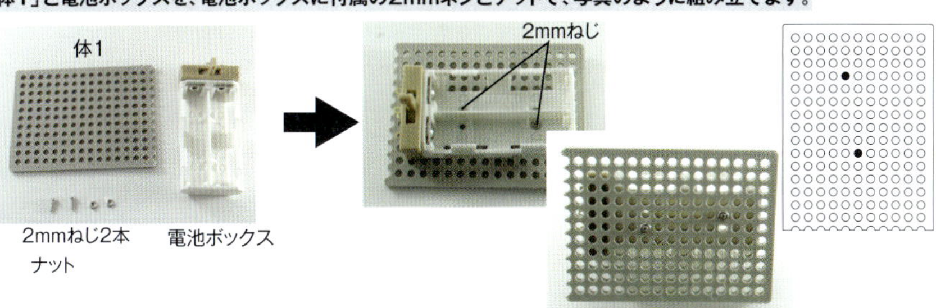

⑥「手順④」で作ったギヤ・ボックスと、「手順⑤」で作った電池ボックスを、ナットで、写真のように組み立てます。

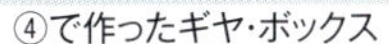

④で作ったギヤ・ボックスの下に
⑤で作った電池ボックスを
取り付けます。
取り付けは、
④で作ったギヤ・ボックスの下から
でている、20mmねじの部分を
使い、取り付けます。

④で作ったギヤ・ボックス

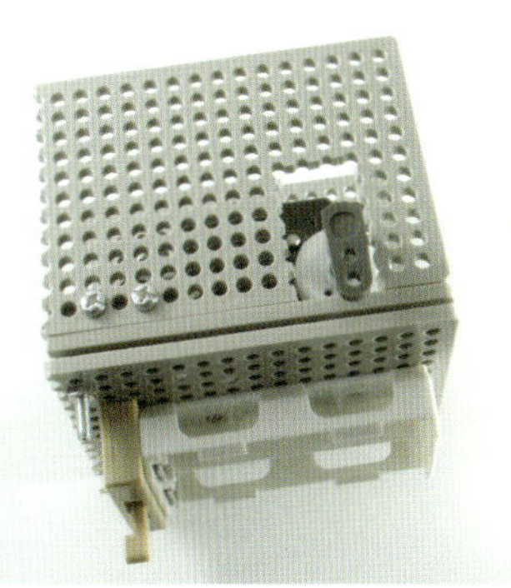

体の部分が完成
しました。次は足を
作ります。

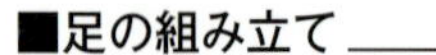

■足の組み立て

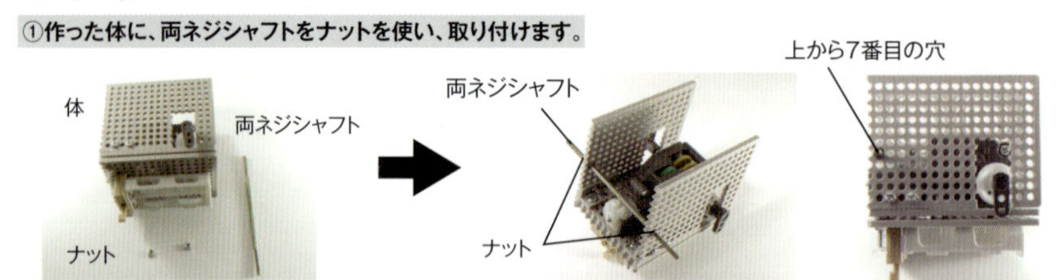

② 体に、「足4」(13個の穴)を取り付けます。取り付ける際、スペーサを入れます。

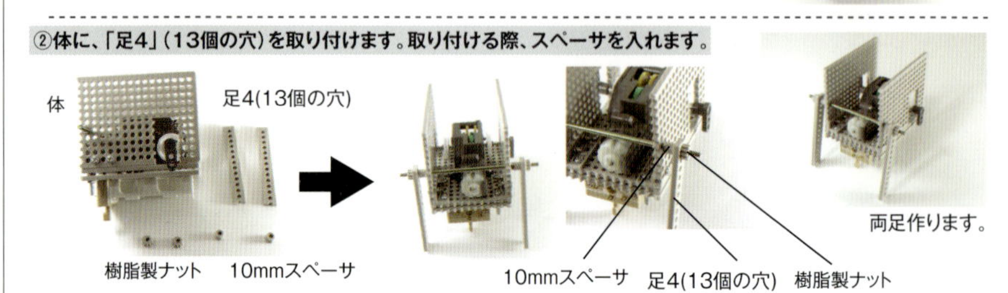

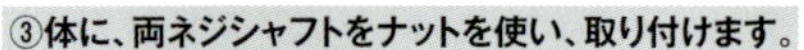

③体に、両ネジシャフトをナットを使い、取り付けます。

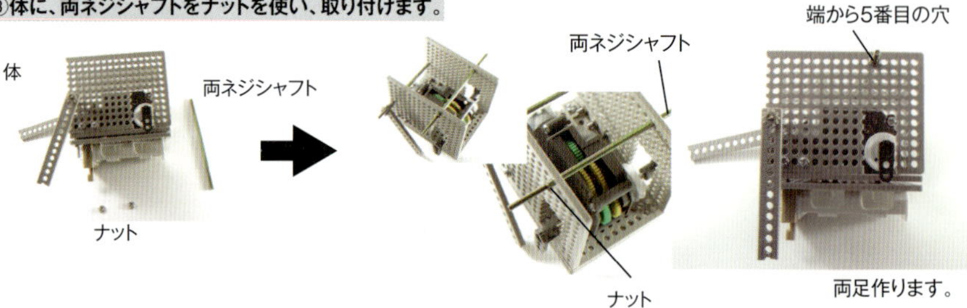

取り付ける際、スペーサを入れ、スライダー(削った穴)にシャフトを通し、樹脂製ナットで留めます。

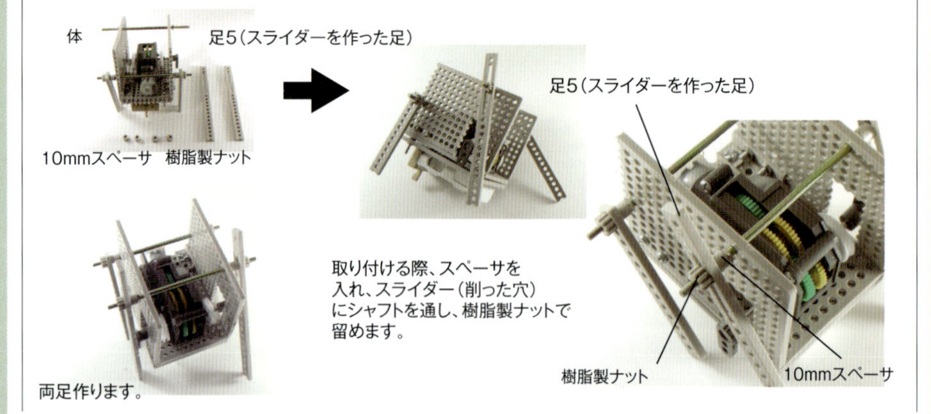

⑤ギヤ・ボックスのクランクと、[足5](スライダーを作った足)を、10mmねじで樹脂製ナットを使い、取り付けます。

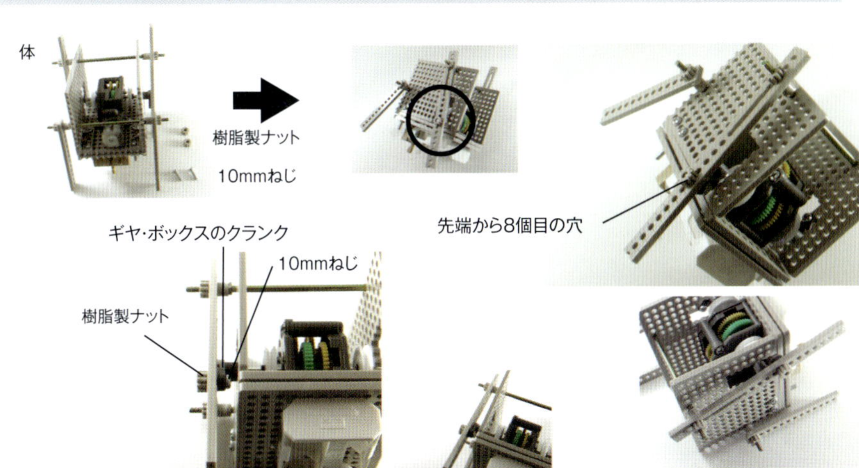

両方同じように作ります。

⑥体に、「足2」(11個の穴)2本と「足6」(先を加工した11個の穴)4本を、20mmねじで樹脂製ナットを使い、取り付けます。加工した先端側は、ねじは取り付けないでください。

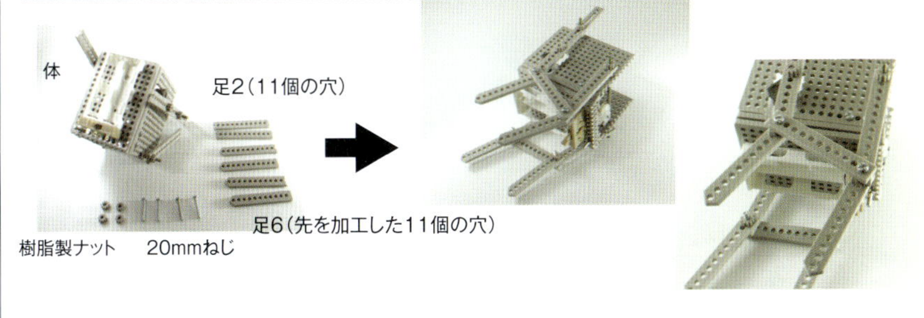

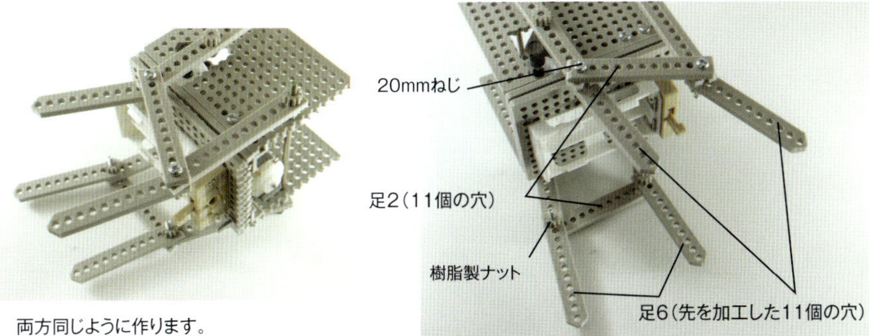

両方同じように作ります。

⑦体に、「足1」（19個の穴）を、10mmねじを使いナットで取り付けます。

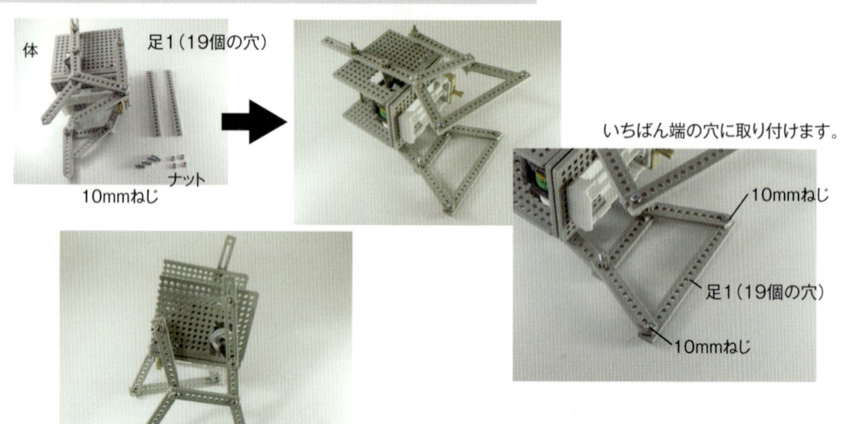

両方同じように作ります。

⑧体に、「足7」（先を加工した9個の穴）、「足3」（1個の穴）を、20mmねじを使いナットで取り付けます。

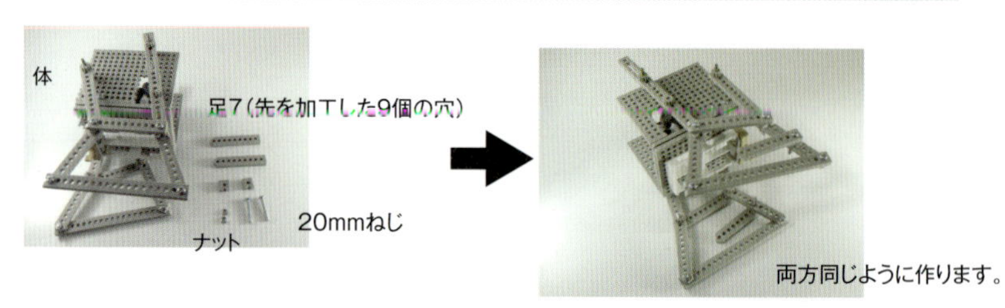

両方同じようにに作ります。

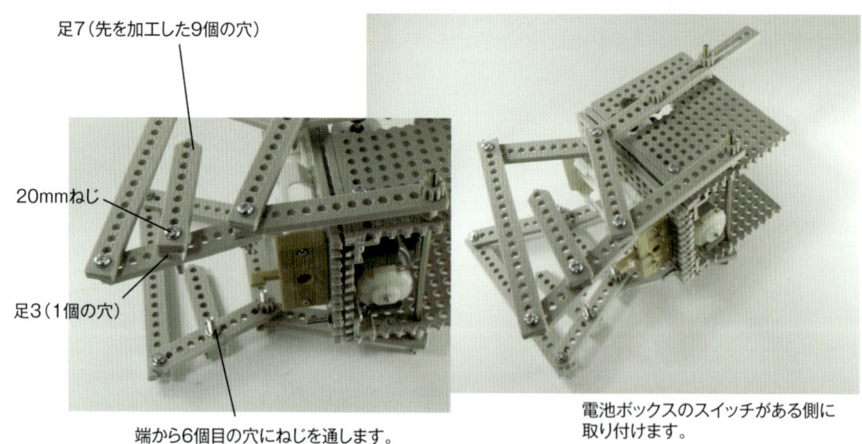

端から6個目の穴にねじを通します。

電池ボックスのスイッチがある側に
取り付けます。

⑨足に、「アングル1」(5コマ×6コマ)を、10mmねじと20mmねじを使いナットで取り付けます。

⑩足に、加工していないユニバーサル・プレートを、オレンジ色のプッシュピン 4個を使い、取り付けます。

⑪モータと電池ボックスを、赤黒コードで配線します。電池ボックスは、上下の端子を使います。本キットは、赤黒コードの色は関係ありませんので、色は無視してください。

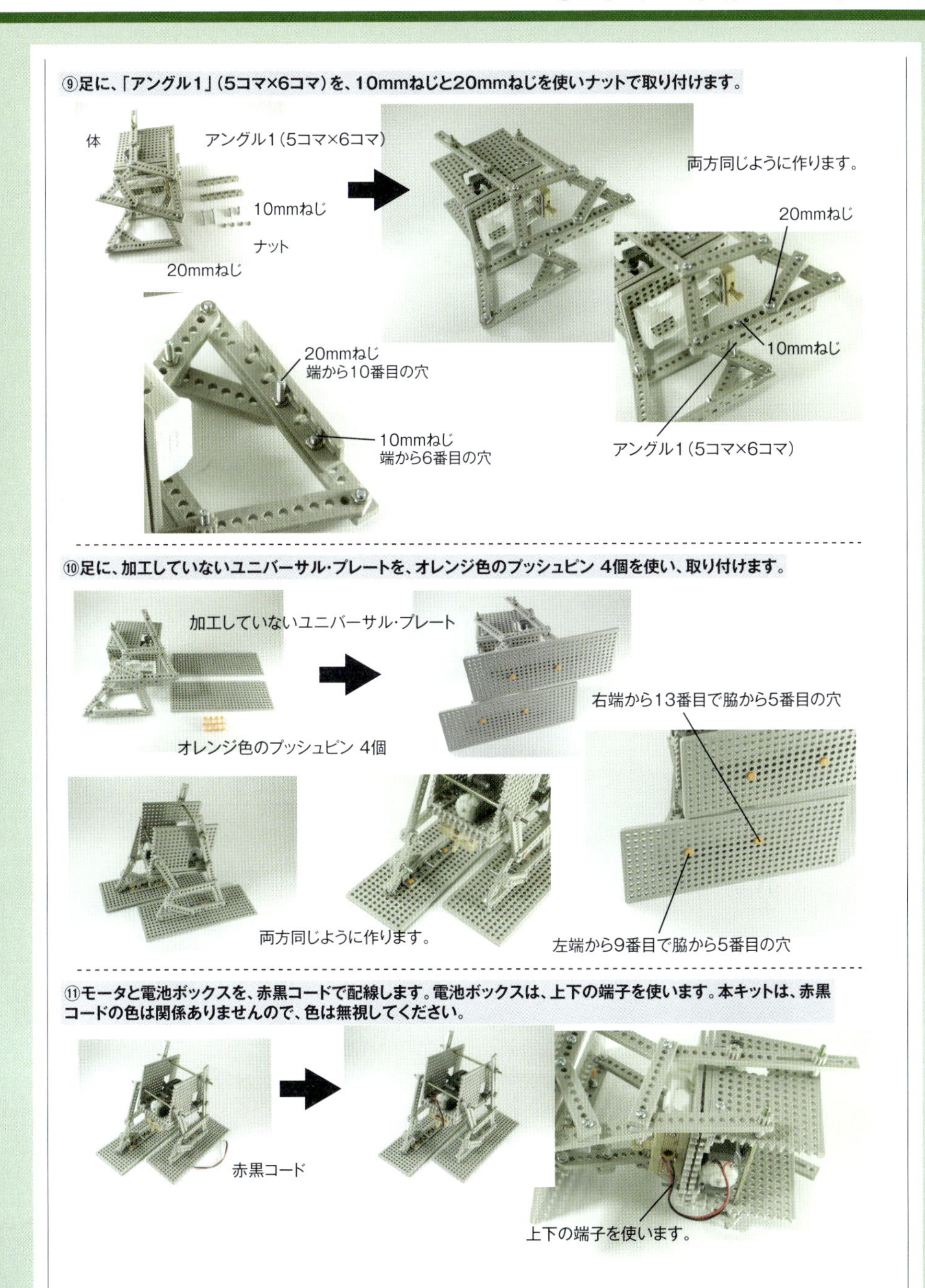

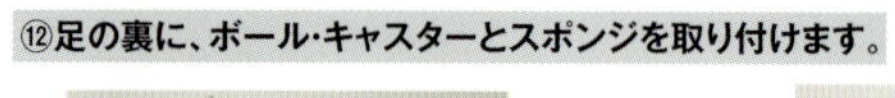

⑫足の裏に、ボール・キャスターとスポンジを取り付けます。

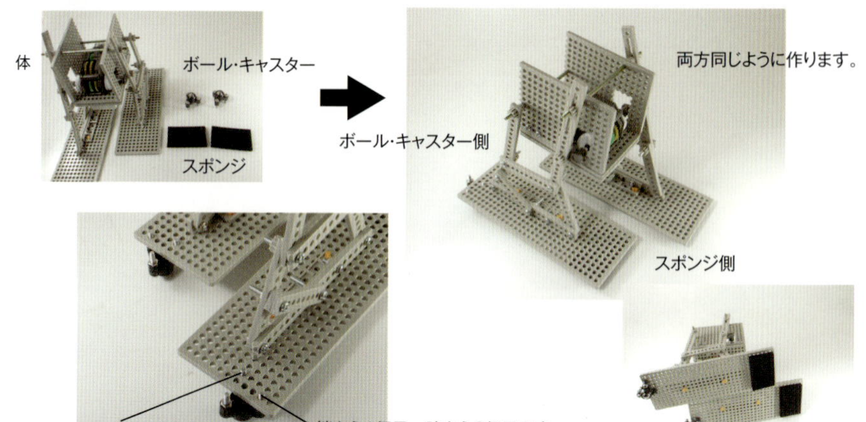

★ここまで作り終えた状態

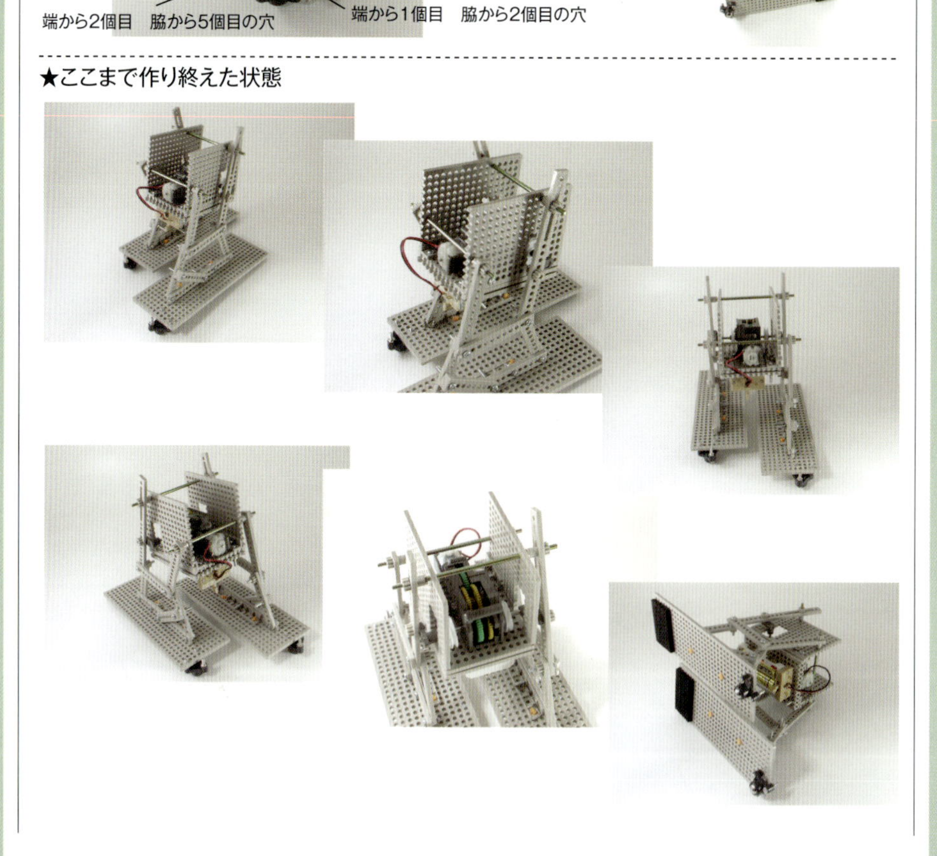

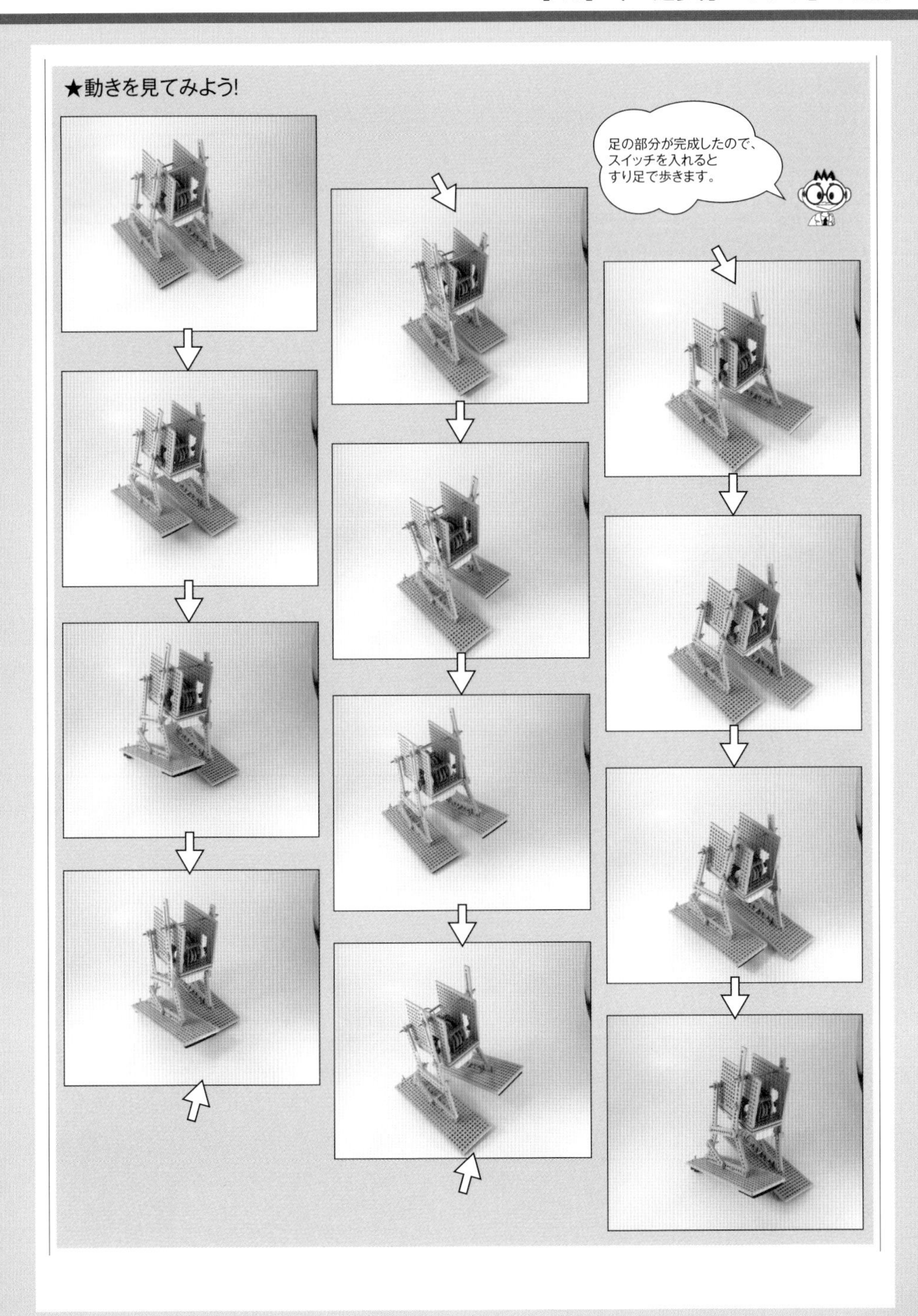
★動きを見てみよう!
足の部分が完成したので、
スイッチを入れると
すり足で歩きます。

■腕の組み立て

①作った体に、「アングル3」(4コマ×5コマ)を、10mmねじ4本とナット4個で取り付けます。

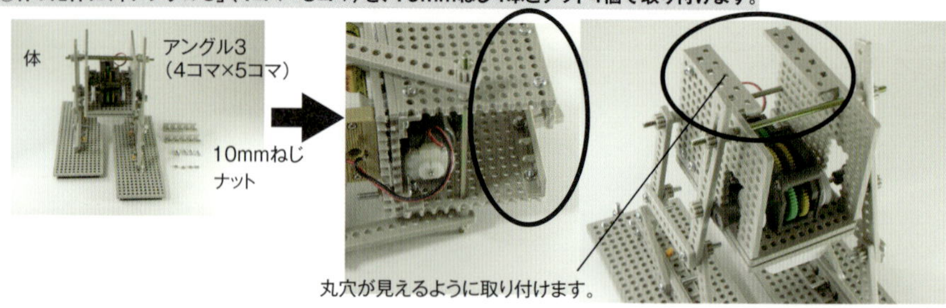

②作った体に、20mmねじ2本をナット2個で取り付けます。

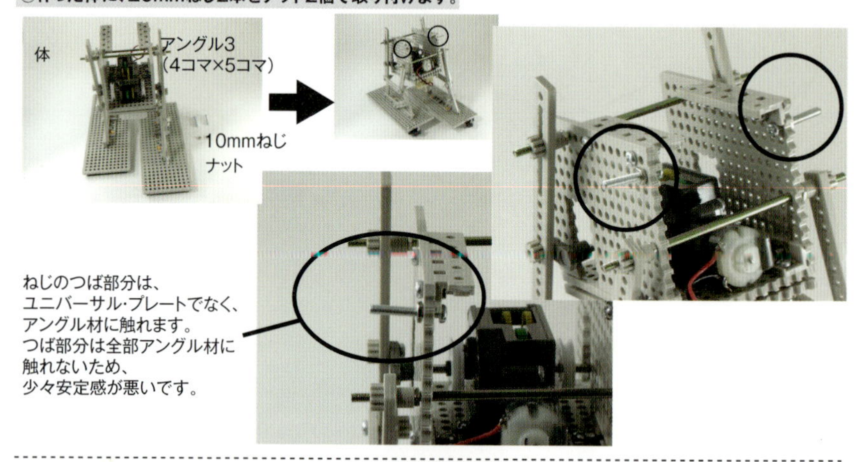

体
アングル3
(4コマ×5コマ)
10mmねじ
ナット
ねじのつば部分は、
ユニバーサル・プレートでなく、
アングル材に触れます。
つば部分は全部アングル材に
触れないため、
少々安定感が悪いです。

③作った体に、「腕1」(7個の穴)を、10mmスペーサと樹脂製ナットを使い、取り付けます。

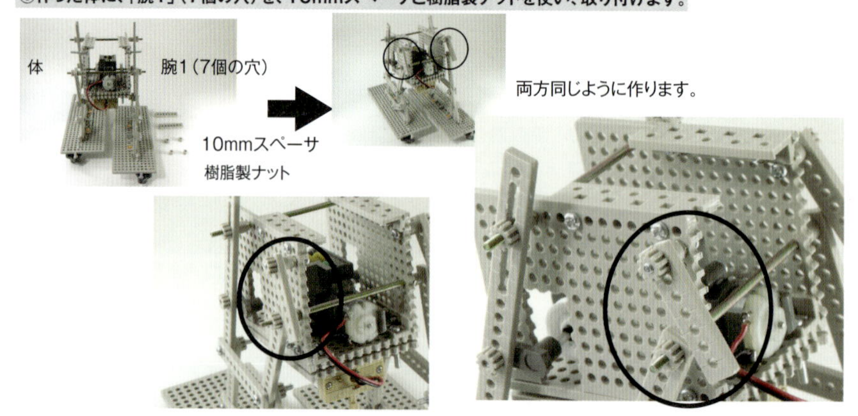

④作った体に、加工していないユニバーサル･アームを、10mmスペーサ4個、20mmねじ4本、樹脂製ナット4個で取り付けます。

⑤「体4」と、加工していないアングル、10mmねじ、ナットを使い、写真のように組み立てます。

⑥体に、「手順④」で作った部品を取り付けます。取り付ける際は、いったん樹脂製ナットを外します。

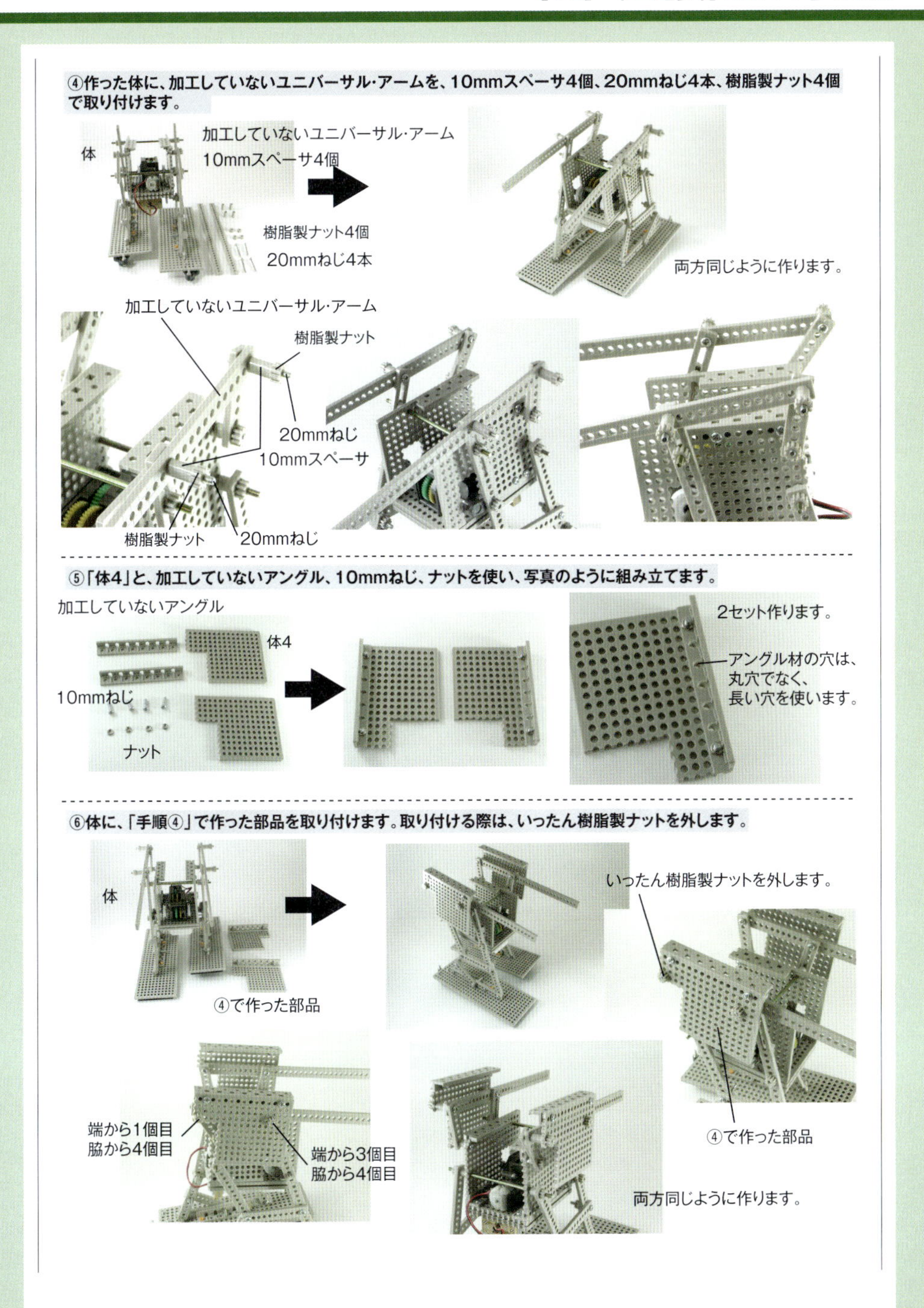

⑦作った体に、クロス・ユニバーサル・アーム2個を、10mmねじ4本、ナット4個で取り付けます。

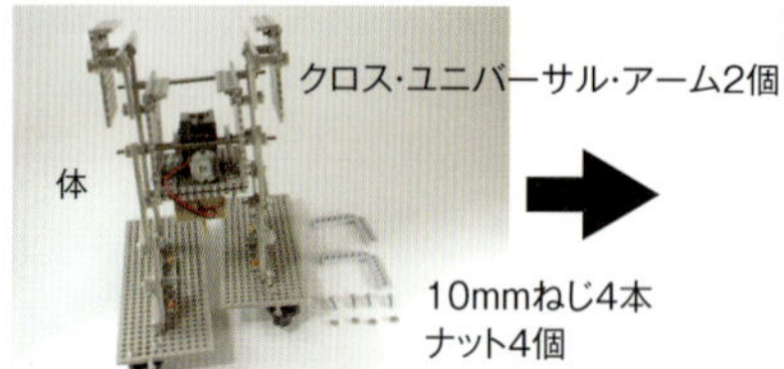

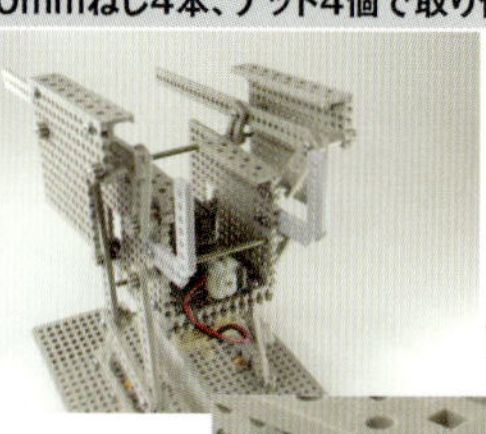

両方同じように作ります。

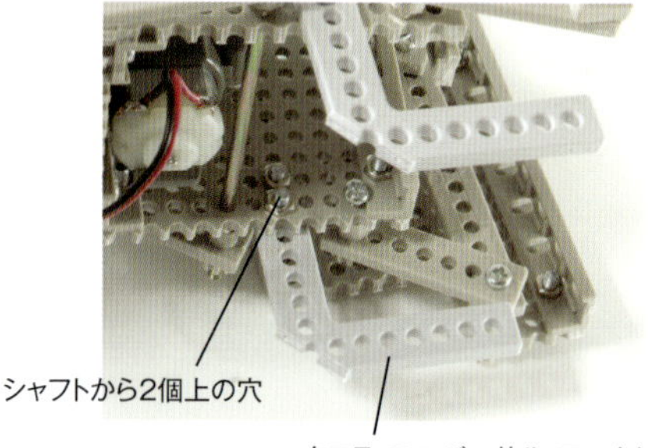

クロス・ユニバーサル・アームは
端と端から2番目の穴を使います。

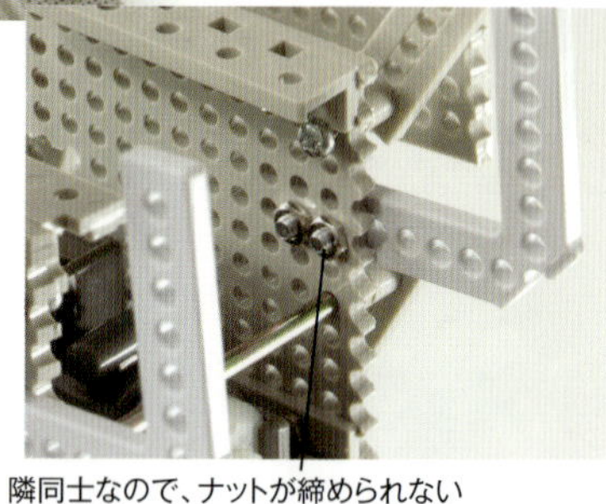

隣同士なので、ナットが締められない
ように感じますが、
ナットの向きを写真のように揃えてあげると、
ちゃんと取り付けることができます。

---

⑧作った体に、30mmプーリー2個、10mmスペーサ2個、加工した十字クロス・クランク2個、輪ゴム2本、六角シャフト1本を使い、写真のように組み立てます。

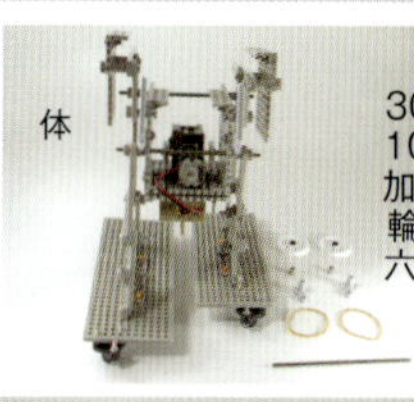

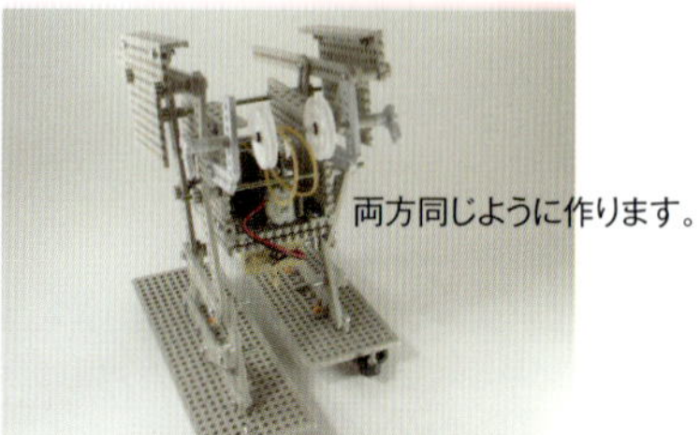

両方同じように作ります。

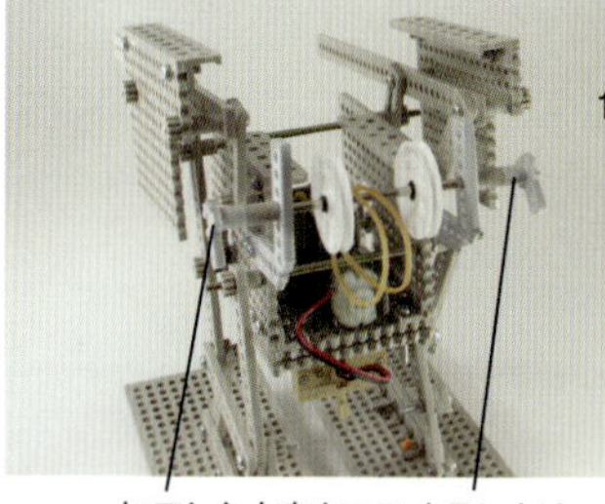

加工した十字クロス・クランクは、
左右同じ向きに取り付けます。

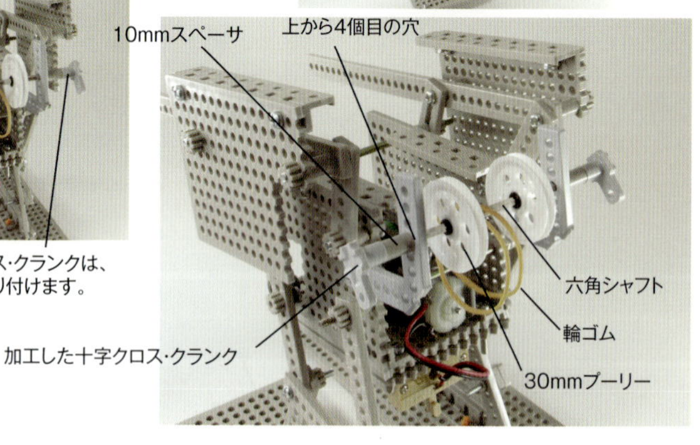

⑨作った体に、「腕3」(18個の穴)を、10mmねじと樹脂製ナットで取り付けます。

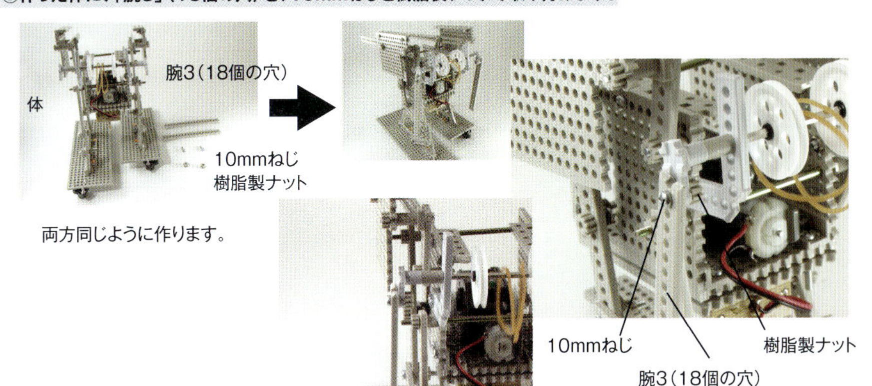

⑩作った体に、「腕2」(6個の穴)を、10mmねじと樹脂製ナットで取り付けます。

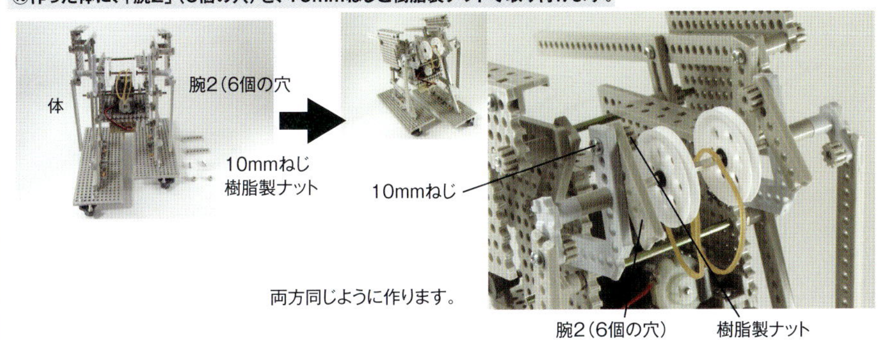

⑪「腕2」(6個の穴)と「腕3」(18個の穴)を、10mmスペーサ2個、15mmスペーサ2個、35mmねじ2本、樹脂製ナット2個を使い、写真のようにつなげます。

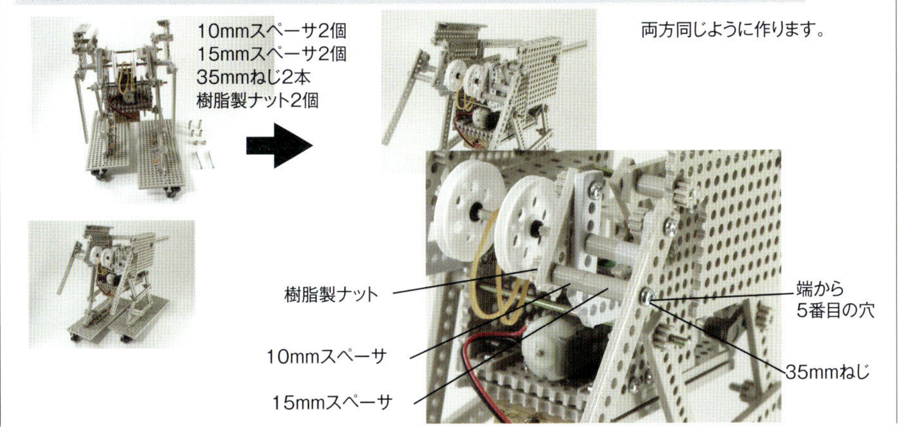

⑫20mmプーリーと30mmプーリーを、輪ゴムでつなぎます。輪ゴムを掛ける際は、ギヤ・ボックスについているクランクを外す必要があります。

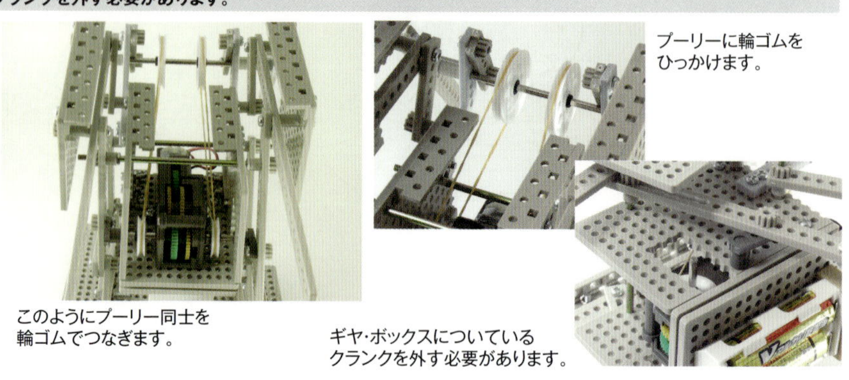

プーリーに輪ゴムをひっかけます。

このようにプーリー同士を輪ゴムでつなぎます。

ギヤ・ボックスについているクランクを外す必要があります。

⑬加工していないユニバーサル・アーム、25mmねじ、ナットを、写真のように組み立てます。

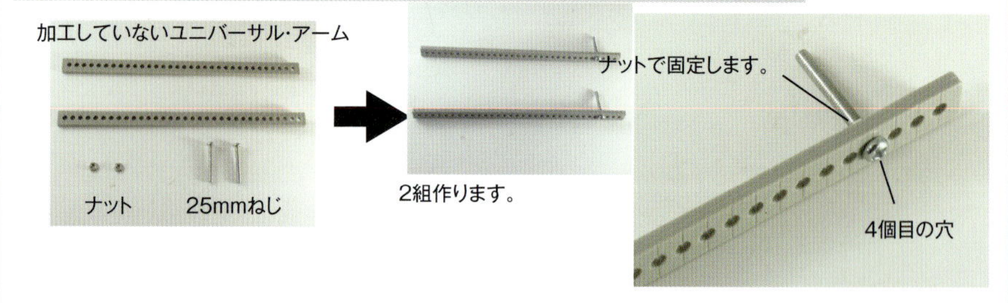

2組作ります。

⑭「手順⑬」で加工した部品に軸受けを、20mmねじ、ナットを使い、写真のように組み立てます。

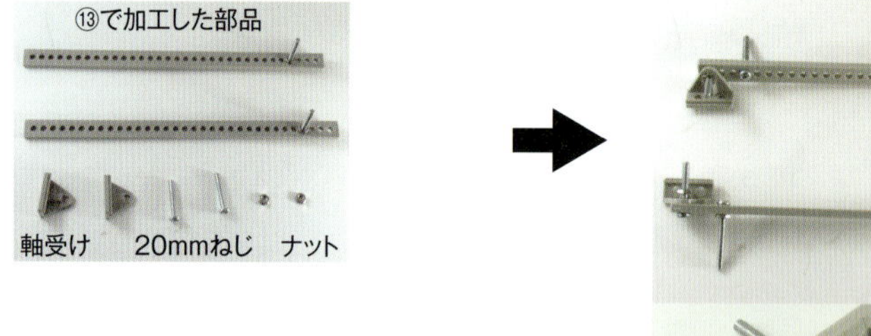

2つは同じものではありませんので、
注意してください。
写真のように、それぞれ微妙に違います。

⑮体に、「手順⑭」で加工した部品と「体1」を、プッシュピン 黄色4個、プッシュピン オレンジ色4個を使い、取り付けます。

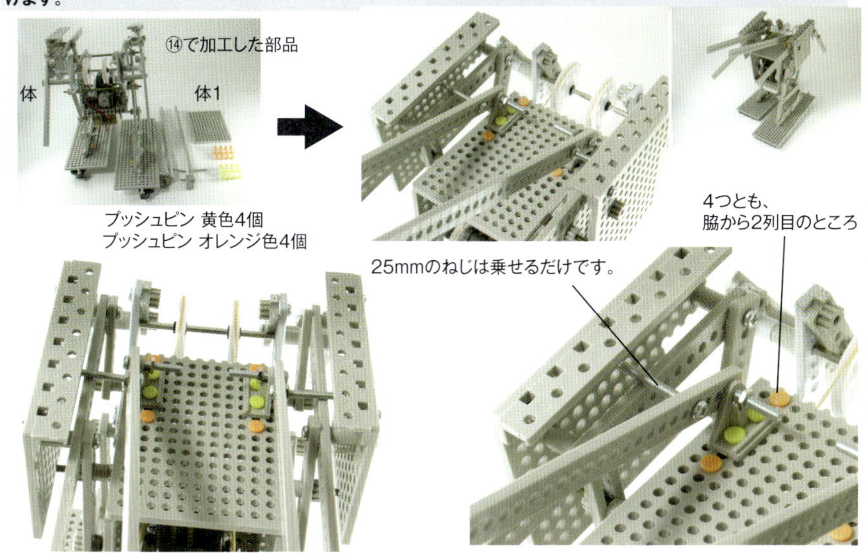

---

⑯体に、「体2」を、プッシュピン オレンジ色4個を使い、取り付けます。

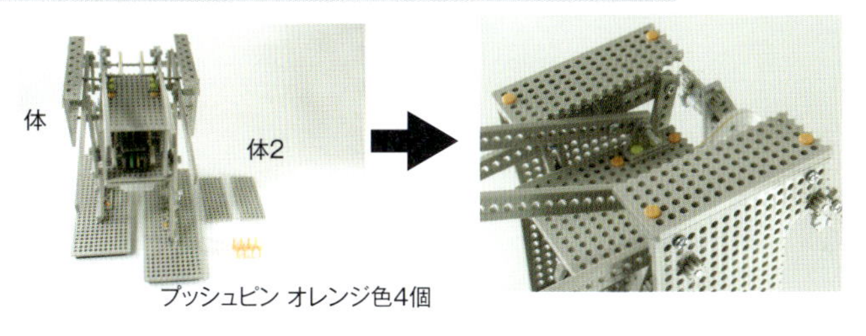

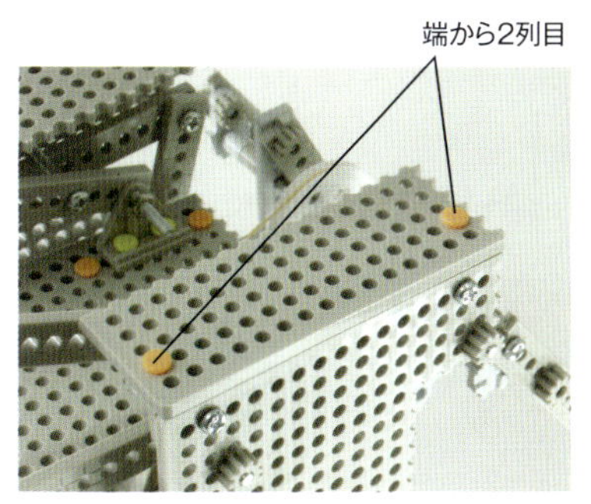

★完成した動きを見てみよう!

スイッチを入れると、手足を動かしながら、ノシノシ歩きます。
部品同士が当たって上手く動かない時は、部品の位置を調整してください。
また、プーリーのゴムが伸びてしまった場合は、取り替えてください。

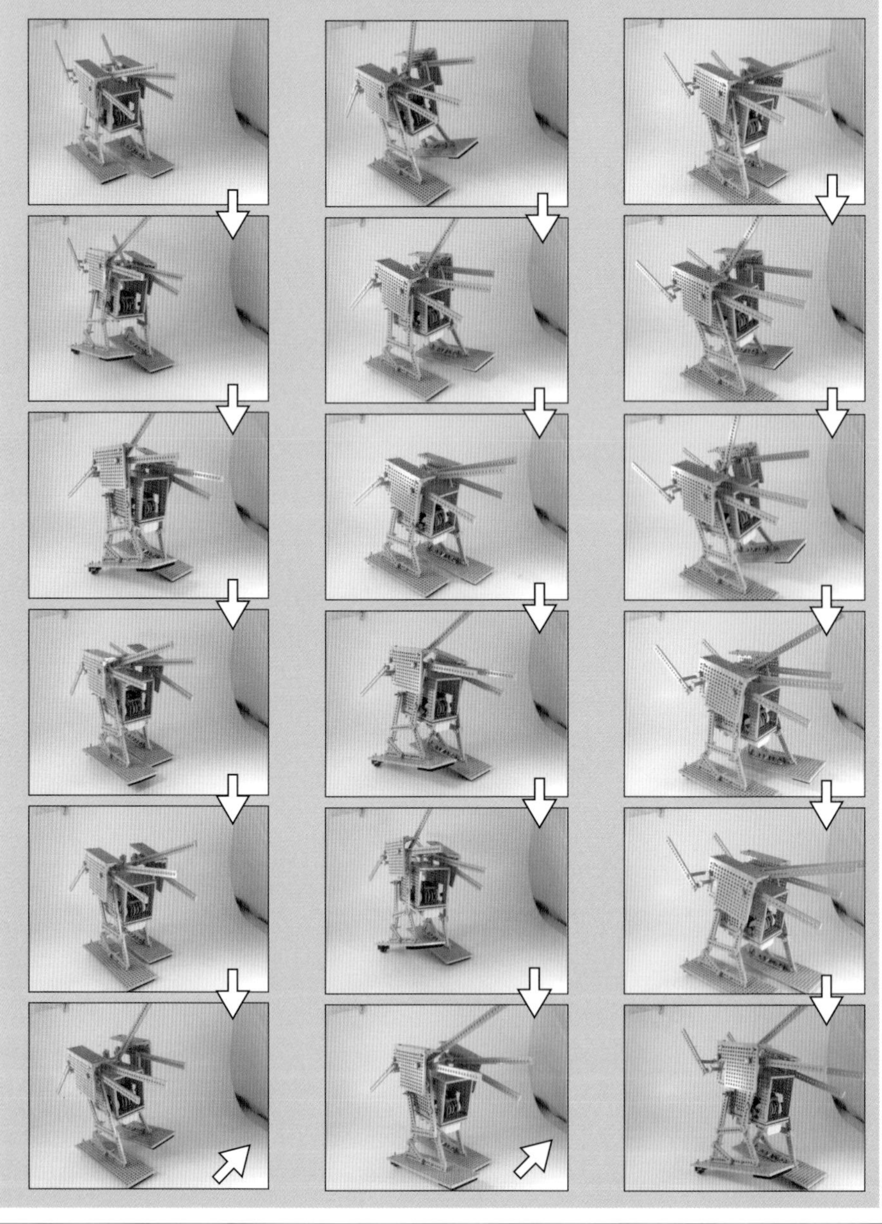

■「二足歩行ロボット」の動く仕組み

●「腕」の機構

「腕」は、図2-3-2のように、「腕1」「腕2」「腕3」の、3種類(計6本)で出来ていて、歩きに合わせて、それぞれが上下運動します。

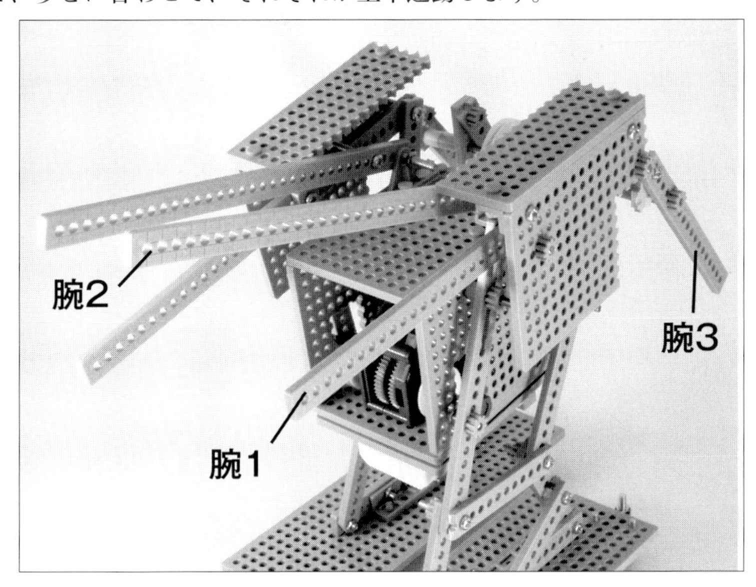

図2-3-2 「腕」は3種類

この3種類の「腕」は、それぞれ違う機構で出来ていています。
これらは、「機械工学」では「機械要素」と呼ばれる内容になります。

では、それぞれの「腕」について見てみましょう。

●「腕1」の機構

「腕1」は「4節リンク機構」を使って、「腕」を上下に動かしています。
モータのクランクから数えると、「5節」になっています。
(以降、図2-3-3〜図2-3-5は、分かりやすいようにカバーなどの部品を取り除いた写真です)。

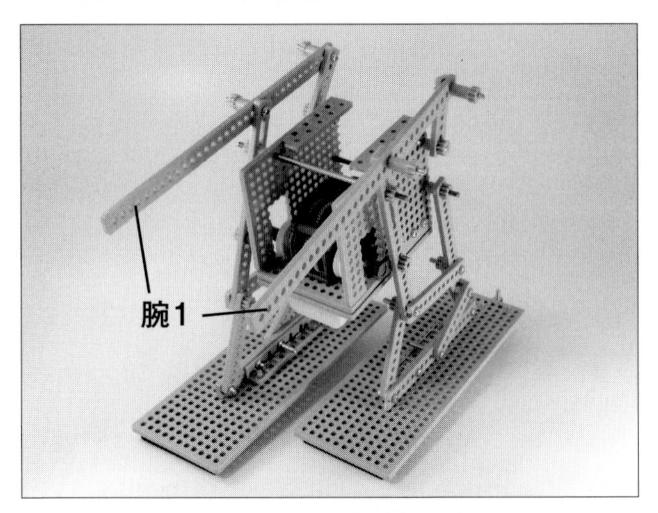

図2-3-3　カバーを取り除いた様子

図2-3-4　「足の揺動運動」を、動力として利用

図2-3-5は、「4節リンク」それぞれの節の名称です。

ロボットの本体が動かない「静止節」、スライダの節が「揺動節」、そして「腕1」は「従動節1」「従動節2」で出来ているのが分かります。

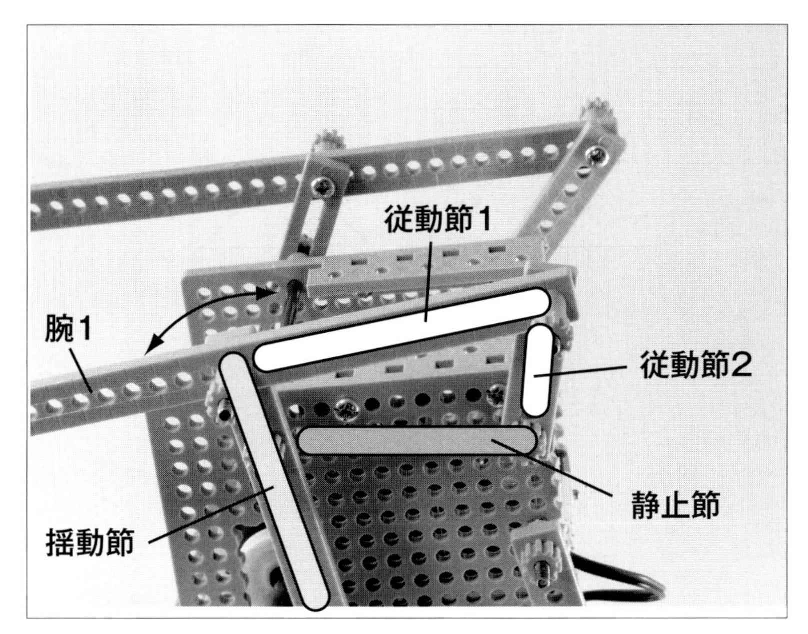

図2-3-5　真横から見た様子

スライダのある「揺動節」は、モータから直接出ている「クランク」などにはつながっていませんが、「揺動運動」を行なっています。

これは、スライダのある「揺動節」が、「足」の機構の一部として、「揺動運動」をしているからです。

＊

機械工作では、モータに「クランク」などを取り付け、モータの動力を直接利用する場合もあります。

しかし、「腕1」のように、ある機構の一部の運動を利用し、この運動を動力として利用することも多いです。

このこと(技)は、「機械工作」では非常に重要なので、ぜひ自分のモノにしてください。

Point!

他の運動を、自分の機構の動力として利用することがある。

●「腕2」の機構

「腕2」は「カム」によって、上下に動いています。

「カム」と言っても、**図2-3-6**のような一般的な「カム」のような板でなく、**図2-3-7**のような「ユニバーサル・アーム」と「ねじ」を使った、とても簡単な「カム」です。

図2-3-6　一般的な「カム」

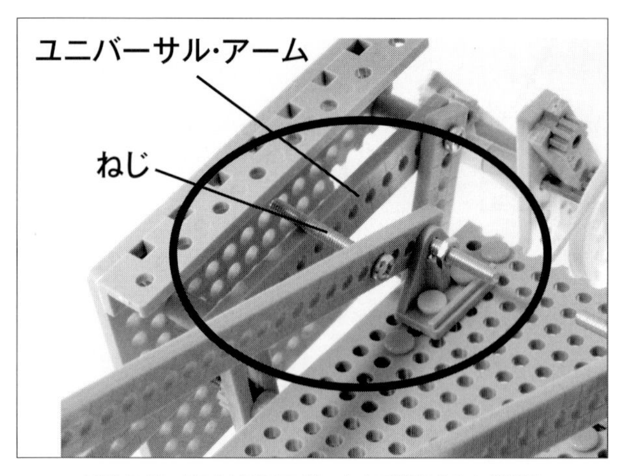

図2-3-7　「二足歩行ロボット」で使う「カム機構」

図2-3-8は、一般的な「カム」を利用したときの動きを撮影したものです。

「カム」に触れているアームが、「カム」に合わせて上下に動いている様子が見て取れます。

図2-3-8　一般的な「カム」の動き

図2-3-9は、「二足歩行ロボット」の「カム構造」です。
「腕1」が上下に揺動し、「カム」になっています。

「腕2」に取り付けられた「ねじ」が、「腕1」に追従するので、「腕2」は上下に動きます。

「腕1」が直線の「ユニバーサル・アーム」なので、「腕2」は上下運動するだけですが、直線の「ユニバーサル・アーム」に「凸凹の板」を貼り付ければ、「腕2」は凸凹に運動します。

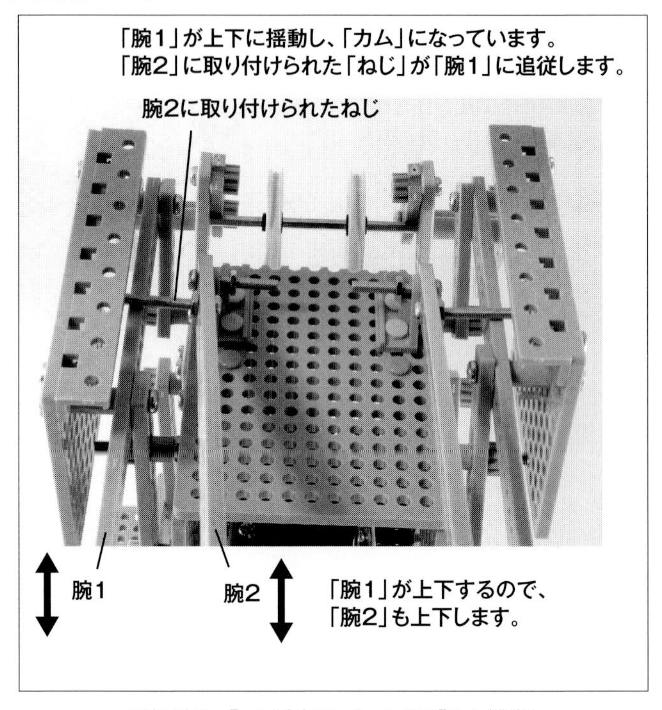

図2-3-9　「二足歩行ロボット」の「カム機構」

「カム」は、「4節リンク」のように各リンクの長さなど考えなくていいので、直感的に動きを作りやすいです。

もしも「カム」を自作するなら、厚みのある「プラ板」で作り、「ユニバーサル・アーム」に接着剤で固定してください。

「カム」の欠点である、重力に逆らって動かない問題に対しても、ロボットが宙返りすることもないので、問題ありません。

「腕2」も「腕1」と同じように、モータの動力を直接使わず、ある機構の動き(「腕1」の揺動運動)を動力として利用しています。

Point!

①他の運動を、自分の機構の動力として利用。
②「カム」は、直感的に動きを作ることができる。

●「腕3」の機構

「腕3」は、「4節リンク機構」で、上下に動いています。

図2-3-10が「4節リンク機構」で、「回転節(クランク)」「静止節(クロス・ユニバーサル・アーム)」「従動節1(腕3)」「従動節2」で出来ているのが分かります。

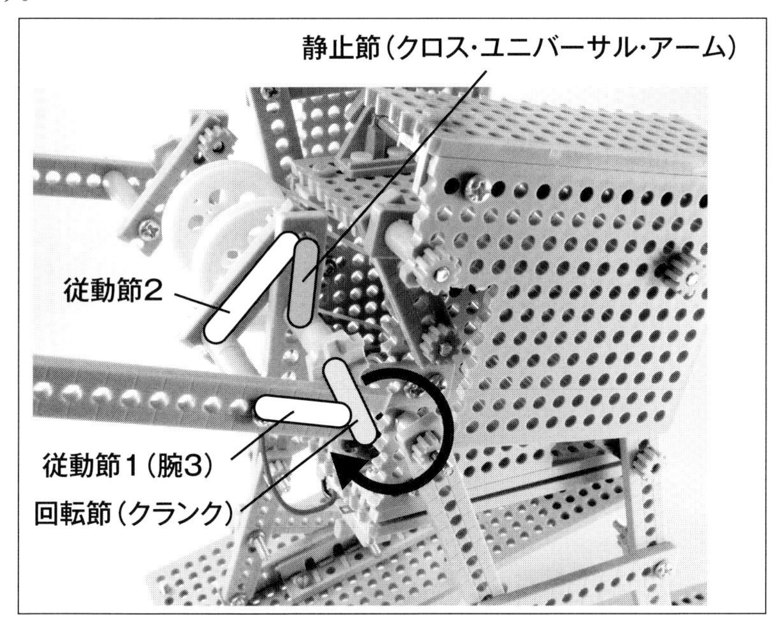

図2-3-10　「腕3」の「4節リンク機構」

「4節リンク」の「回転節」(クランク)を動かしているのは、**図2-3-11**の「プーリー」です。

モータの動力(シャフト)は前方にあるため、その動力を後方に取り出すために、「プーリー」を利用しています。

「ギヤ」をいくつも組み合わせて、動力を遠方に運ぶ方法もありますが、初心者が「ギヤ」を製作し、さらにガタつかないように「ギヤ」同士を固定するのは難しいため、通常は利用しません。

図2-3-11 動力を取り出している「プーリー」

「プーリー」を使った動力の取り出し方は、次ページ図2-3-12のように、前方の「モータ・シャフト」と後方の「シャフト」に、それぞれ「プーリー」を取り付けて、その間に「ベルト」(輪ゴム)をかけます。

後方の「シャフト」には「クランク」を取り付けているため、「プーリー」が回転することによって、後方の「シャフト」も回転します。

動力の伝達に「ベルト」(輪ゴム)を使っているため、トルクはありません。

また、「ベルト」は切れやすいので、あらかじめ「ベルト」が切れることを想定したロボットを設計する必要があります。

今回は「メンテナンス」しやすいように、「ねじ」と「ナット」でなく、「プッシュピン」を使い、簡単に取り外せるようにしています。

図2-3-12 前方から後方に「ベルト」が通っている様子

「二足歩行ロボット」では、**図2-3-13**のように、モータのクランクを簡単に外せる(引っ張れば取れます)構造なので、「ベルト」の交換が容易です。

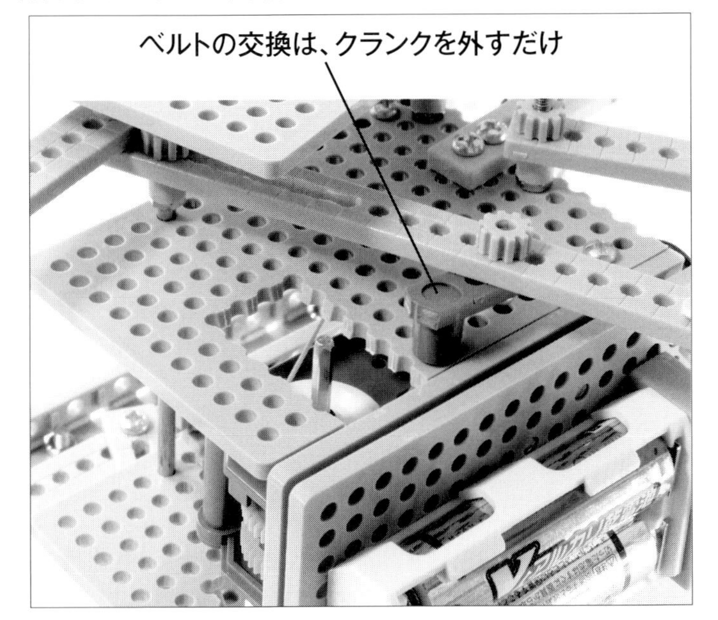

図2-3-13 「ベルト」の交換は、簡単にできるように設計

Point!

①「プーリー」は、動力を遠方に取り出すのが簡単。
②「ベルト」の取り替えがしやすいように、ロボットを設計する。
③「プーリー」はトルクが弱い。

●「足」の機構

「足」は、**図2-3-14**のように、「足1」と「足2」の組み合わせで出来ています。

そして、「足1」と「足2」は、それぞれ違う機構で出来ていています。

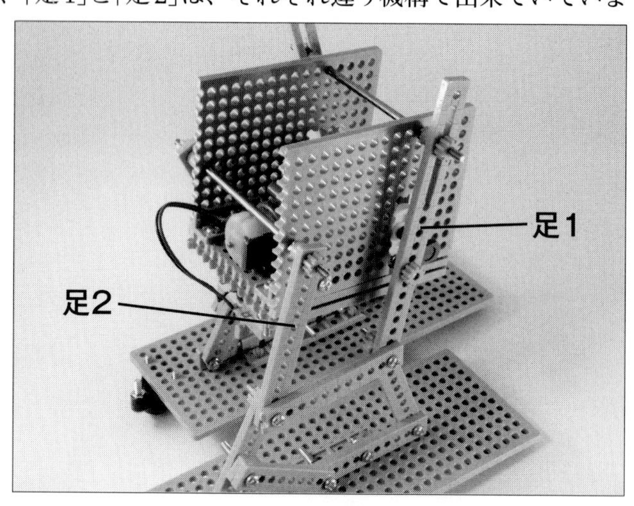

図2-3-14　1本の「足」は、2種類の機構で出来ている

「足1」と「足2」は、ともに「4節リンク」で出来ています。

「足1」は次ページ**図2-3-15**のように、「静止節」「クランク」「スライダ（揺動節）」「ガイド（溝の部分）」の「4節リンク」です。

専門的には、「揺動スライダー・クランク機構」と言います。

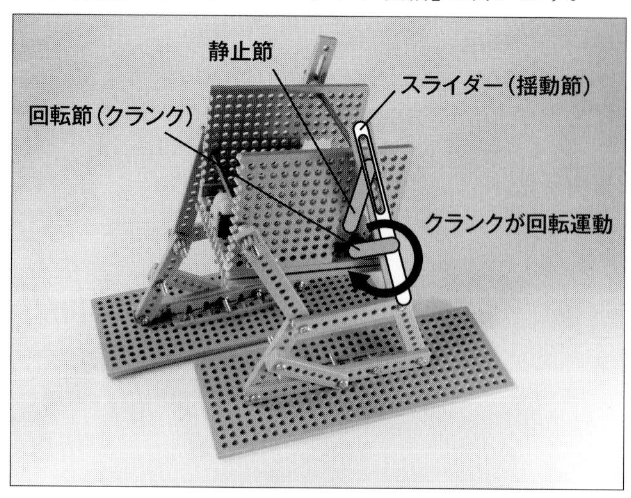

図2-3-15　揺動スライダー・クランク機構

「足2」は、**図2-3-16**のように、「足1」の「スライダー」(揺動節)の運動を利用した「4節リンク」になっています。

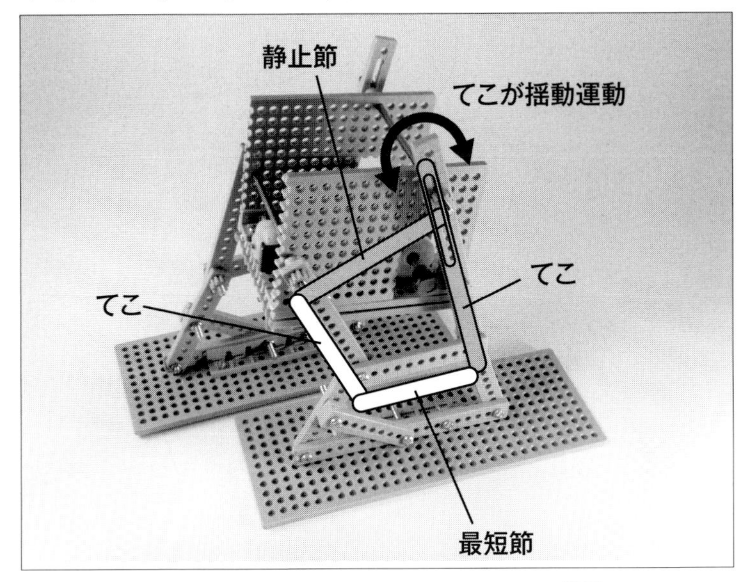

図2-3-16　「足1」の動きを利用した、両てこ機構

「静止節」「てこ」「最短節」「てこ」の4つのリンクで出来ており、専門的には、「両てこ機構」と言います。
(ただし、「てこ」の片方が「揺動運動」だけでなく「上下運動」もするので、厳密に言うと「両てこ機構」ではありません)。

*

足の下側は、リンク3本を使った「固定連鎖」で出来ています。

しかも、よく見てみると、**図2-3-17**のように2箇所使っていることが分かります。

1つ目は分かりやすいですが、2つ目は1つ目の「固定連鎖」を1リンクとして考えると(黒いリンクの部分)、3本のリンクで「固定連鎖」となります。

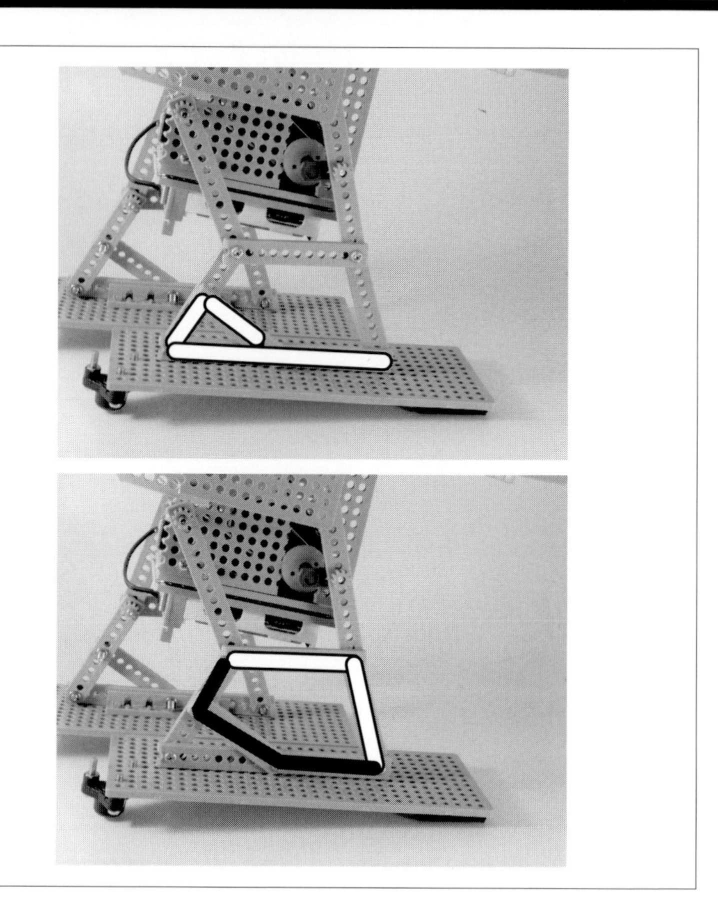

図2-3-17 「固定連鎖」が2箇所使われている

「固定連鎖」で出来ているので、「台形」の形をしっかり保持しています。

この台形のいちばん短い辺が、「足2」の「最短節」になっています。

そして、「足2」が決まった「揺動運動」をしているので、「最短節」につながれた台形全体も、「揺動運動」することになります。

「二足歩行ロボット」は、「足1」と「足2」を使い、台形を「揺動運動」させていますが、「固定連鎖」を使って、「足1」に直接、台形をつなぎ、「足2」を省力する方法も考えられます。

実際、材料の強度や重心のバランスなどによるところもあるので、作ってみないと、上手く歩くかどうか分かりません。

索　引

50音順

《あ行》

《か行》

《さ行》

《た行》

《な行》

《は行》

《ま行》

《や行》

《ら行》

数字

■著者略歴

馬場　政勝（ばば・まさかつ）

千葉県出身。
芝浦工業大学 工学部 金属工学科 卒業。

卒業後はエンジニアとして就職するが、マルチメディアに興味をもち、デジタルハリウッドで学ぶ。
その後、エンジニアの技術とマルチメディアの技術を使い、ネットワーク、サーバ、ネットショップ、オフィスコンピュータ、組み込みシステムなどを構築運用し、社内教育にも力をいれる。

2010年に独立、初心者向けの電子工作塾、「電子キット」を立ち上げ。
「電子工作マガジン」（電波新聞社）や、「ロボコンマガジン」（オーム社）に寄稿、100以上のオリジナル教材とカリキュラムを製作している。

＜これから電子工作をはじめる方の専門店！　電子キット＞

http://denshikit.main.jp/

【主な著書】

キットで学ぶ「リンク機構」　（工学社）

本書の内容に関するご質問は、
①返信用の切手を同封した手紙
②往復はがき
③ FAX (03) 5269-6031
（返信先の FAX 番号を明記してください）
④ E-mail　editors@kohgakusha.co.jp
のいずれかで、工学社編集部あてにお願いします。
なお、電話によるお問い合わせはご遠慮ください。

サポートページは下記にあります。

［工学社サイト］
http://www.kohgakusha.co.jp/

I/O BOOKS

ロボットキットで学ぶ**機械工学**

2018年1月20日　初版発行　© 2018

著　者　馬場　政勝
発行人　星　正明
発行所　株式会社工学社
〒160-0004 東京都新宿区四谷 4-28-20 2F
電話　(03) 5269-2041（代）［営業］
　　　(03) 5269-6041（代）［編集］
振替口座　00150-6-22510

※定価はカバーに表示してあります。

印刷：（株）エーヴィスシステムズ　ISBN978-4-7775-2041-1